為什麼思考強者總愛「不知道」？

NOT KNOWING

The Art of Turning Uncertainty into Opportunity

By
Steven D'Souza
Diana Renner

合著————
史蒂芬・得蘇澤
黛安娜・瑞納
譯————
簡美娟

獻給我們的父母

克莉絲汀和希爾弗里奧·得蘇澤（Christine and Silverio D'Souza）
瑪吉特和沛楚·高基沃（Margit and Petru Gheorghiu）
他們離開熟悉岸邊、探索未知的勇氣，帶給我們源源不絕的靈感。

目次

PART 1 ——知識的威脅 ——————————————————

Chapter 1　知識的威脅

Chapter 2　依賴專家與領袖

Chapter 3　未知的成長

前言

　　寫一本書宣揚「不知道」的優點，確實需要一點恣意妄為的膽識。更何況如果我的好友兼同事黛安娜和史蒂芬希望你坦承無知、享受涉足未知的收穫，他們又怎麼可能有足夠的知識寫完整本書讓我們了解？人要如何充分瞭解「不知道」？

　　不過這種知道「不知道」的矛盾探索，必定能引起學有專精，或甚至已為人父母者的共鳴。我正好就是一例。「知道」的壓力一直在我的專業生涯中揮之不去。

　　年輕時的我是過度教育但缺乏經驗的從政人員，負責恩師的麻省總檢察長競選團大部分業務。但當時我不知道自己在幹嘛，而且我沒有對自己或長官坦承這一點，我想盡辦法彌補不足，越來越早進辦公室工作，好像多花一點時間就可以彌補我的無知，這讓我瀕臨崩潰狀態。

　　身為政治人物的我，是一個有著雄心壯志又當選三次的麻省議員，大家期待我會對所有事情都能提出看法，並有答案。於是我順應此理，無論選民

或記者問我什麼，我一律擺出權威的姿態回應。

後來我自己變成了記者，實際上是擔任週報編輯一職。這是我第一次擔任主管，同樣地，我還是不知道自己在幹嘛。在管理和新聞工作方面，我必須採取對策和付諸行動，但我沒有勇氣也沒有信心承認當時自己掙扎於「不知道」的領域，需要求助於人。

最後到了晚年，我沒這麼需要向自己或別人證明什麼的時候，我在哈佛大學執教了三十年。在那個知識代表一切的環境裡，我終於能夠並願意享受「不知道」，而且樂於被認定放棄了傳播智慧的職責。我使用的教室特別設計過，迫使大家都得面向前方，聆聽教授教導和傳授寶貴知識，彷彿學生除了順從，應該做不出任何貢獻。話雖如此，在我教書的生涯裡，教得最好、對學生成長最有幫助的經驗，不是因為聽從了腦子裡一堆教學計畫和假設真理的喧嘩聲音，反而是完全放空腦袋進入教室，全心參與和聆聽學生說話的時候。

為人父母，我經歷了又奇妙又艱難的時刻，那時候你的孩子突然明白你並非無所不知、你不是不會犯錯，而且你也經常犯錯。我記得有一次對著我家老二、我的大兒子大聲咆哮，當時他可能才九歲，正在玩棒球。我叫他站得靠近本壘一點，這樣他才更有機會打到球。他照我說的話做了，但接下來的球直接打到他手臂上。雖然那已經是三十幾年前的事，我卻還記得他的表情，他忍痛含淚朝著一壘奔去，一臉困惑為何他聽從了我的建議，結果卻帶來痛苦？那一刻，他恍然大悟。

過著組織生活的人類必然經歷過兩種壓力，一種是你必須「知道」的壓力，和你帶給別人的壓力，尤其是那些當權者，他們必須知道答案，提供權威的傳統功能：方向、保護和秩序，就算他們完全不知道是怎麼回事。

這本書是解放人士而非搗亂份子的傑作，讚揚並認可「不知道」的領

域，讓我們得以自由創新、適應和應對二十一世紀生活的複雜、含糊和不確定，利用好奇心、同理心，沒錯，還有勇氣，承受那些死守錯覺的人的抵抗，及還堅持相信目前的知識可以解決最棘手的問題的那些人。

　　這本書正是活生生的例子，示範如何跳下懸崖、一探「不知道」虛無境地的勇氣和意願。如果我們要在全球和日常生活面臨的最大挑戰中求取進步，至少必須有這樣的表現。

馬惕・林斯基（Marty Linsky）
劍橋領導協會（Cambridge Leadership Associates）共同創辦人；
《火線領導》（Leadership on the Line）和《適性領導的實務》（The Practice of Adaptive
Leadership）共同作者
紐約，2014 年 3 月 20 日

為什麼思考強者總愛「不知道」？

Introduction

導讀

　　假設你暗戀的人送了一份禮物給你。「這給你，」他們臉上帶著笑意，拿給你一大盒外型不規則、包裝精美的禮物。你很驚喜地正要打開盒子時，他們卻說：「你得等三天才能拆。」「三天？」你回應。納悶著裡面到底是什麼？盒子感覺很重，包裝不規則的話，什麼東西都有可能。你輕輕把它搖一搖，沒發出什麼聲音，也沒什麼線索提示。會不會是你期待已久的愛的告白？或可能是世俗一點的東西？那天晚上你根本睡不著。好奇心排山倒海而來，覺得很難熬過另一天——你好想知道。你會等不了三天就打開禮物嗎？

　　我們很想知道一件事的時候，不知道會很痛苦。多數人對不知道的自然反應是迴避。但人類的本質就是不去知道。所以我們會自然而然的投靠承諾答案的人：專家、領袖和貌似知道的人。我們謹守已經擁有的知識，不敢放掉它。以神經學來說，我們天生會避開意想不到的事，喜歡確定的事。含糊不清或不確定的情況會讓我們覺得無能、尷尬和羞愧。

　　可是我們生活的世界就是充滿著不確定、錯綜複雜和瞬息萬變。我們無

法得知要面對的最複雜挑戰是什麼，更別提如何解決。當我們到了知識臨界點時，會有的預設反應就是固守現有的知識、嘗試快速解決方案，或是完全避免那種情況。

本書探討的是我們一般應對未知事物的做法衍生出的問題，並提議與「不知道」建立更有益處的關係。在已知與未知之間一片富饒之地，充滿無限可能。在邊界遊走可以讓我們體驗全新的學習、創造、歡樂和驚奇。邊界是新事物誕生之地。我們稱它為「不知道」。這裡我們說的「不知道」（Not Knowing），我們提議當作動詞使用，代表一種過程，而不是一件事情。

書本是傳統上承載專業和知識的媒介。但我們一開始就面臨書寫「不知道」的嘲諷。我們如何想像自己能夠寫出某項精通的主題，但其本質上是神秘、未知、甚至是不可知的事物？

這本書不是教你「如何做」，也無法提供簡單的解答。透過別人的故事和經驗，本書邀請你探索自己和「不知道」的關係。這些探索不知道的故事，以各種不同的視角呈現，例如藝術、科學、文學、心理學、創業精神、心靈和智慧傳統。為了深入研究本書內容，我們彙整了大量來自世界各地精彩的故事。我們遇見各種人，有的掙扎於未知、處於邊界、發現從前不可能的事，也有的安於邊界的生活和工作。

本書有些故事取材自歷史，但絕大部分是透過我們個人的採訪得知的近期或當代事件。我們何其有幸聆聽這些「不知道」的故事，他們非常誠實的分享對「不知道」的脆弱及無助。因為考量到這一點，我們改了一些名字以尊重匿名的意願。本書雖然主要針對職場人士，但我們希望讀者也可以應用在個人或專業領域的各種情況。為了清楚起見，身為本書作者，我們決定共名書寫。但我們兩人在書中也分享了自己個人的故事，這部分我們會另外標明。

我們為什麼想寫「不知道」這件事呢？因為我們本身經歷過未知當下，長期以來與之奮鬥、抵抗，大部分時候都很痛恨它。

黛安娜：

　　我出生於小鎮克拉約瓦（Craiova）、羅馬尼亞西南方奧爾特尼亞省（Oltenia）連綿起伏的原野之上。父母是受人敬重的藝術家──父親是舞台劇和電影演員，母親是豎琴演奏家。我記得大致上有個快樂的童年，夏天造訪親子農場，冬天和弟弟司特凡（Stefan）在家裡附近山坡滑雪橇。不過我們一直處於不確定的狀態──鄰居隨時可能通報秘密警察，告訴他們這裡在進行思想或行動的反叛活動。

　　當時國家控制著媒體，所以自然不知道外面的世界發生了什麼事。為了抵抗這種控制，父親會定期收聽自由歐洲電台（Radio Free Europe），那是西德為了抵制共產黨審查制度的廣播節目。被捉到收聽這種雜音電台，代表要接受秘密警察的盤問。自由歐洲電台的聲音形成我童年記憶的背景。我依稀還能聽到心裡的那首主題曲和熟悉的連串低語。

　　我明白這種否認知識的日常壓迫和瞭解真相的力量。

　　我記得那是氣候宜人的夏日午後，我在鄉下祖母家睡著了，醒來時聽到這個消息。記者控訴前羅馬尼亞總統西奧塞古（Ceausescu）謀殺孩童。這是 1987 年改革以後震驚全世界的故事。孩子像動物一樣被關在孤兒院，沒有基本的生活必需品和足夠的愛和支持。

　　當時我只有十二歲，但我還記得聽到那件事時的震撼。我害怕的不只是可怕的細節，而是知道這個秘密知識可能讓家人陷入危險的事實。

在 1987 年，我父親說「這真是夠了」，於是我們全家從羅馬尼亞逃到奧地利。那段在奧地利的日子是完全「不知道」時期——我們要在哪裡生活？會發生什麼事？事情究竟會如何演變？一年後我們搬至澳洲，以難民身份獲得永久居留權。又是另一次的轉折，另一個「不知道」階段——適應新文化、學習新語言，開始新的學校生活……從童年處於操縱真相的土地，到一個不確定、變化的時代，我一直在「不知道」的狀況，並在其中奮力掙扎。

史蒂芬：2000 年的時候，我掙扎著要爬下床，當時老是乾咳，肺部又很疼痛，身體也日漸消瘦。個性堅忍頑強的我，因為忽視這些症狀導致如此痛苦，有天早上我甚至連綁鞋帶都沒辦法。最後我終於決定去看醫生，診斷結果我得了肺結核，由於具有抗藥性立即被送進醫院治療。這表示要做手術，吃好幾個月的強效抗生素，有一度我的治療沒什麼成效，我不知道自己能否康復。

我在 2006 年房地產景氣高峰的時候，在倫敦買了第一間房子，就在金融危機發生前不久。為了謹慎起見，我在買房前做了通盤調查，不過在我正打算賣掉它時，市政府通知我房子的外牆、窗戶、邊界柵欄和擴建部分都是違章建築。之前的屋主沒有取得所需的規劃許可，我的律師也沒注意到。30 天內我必須拆除擴建部分，其中包括小平房裡唯一的廁所、廚房和浴室——也就是說其實是敲掉一半的屋子。我提出上訴，過了一年多不知道是否有家可歸的日子。

當時我在一家投資銀行上班——覺得很安定，也很樂在其中。有天早上我接到同事電話告訴我，我們公司的名字換了。過了一晚我們就被賣掉了，為了挽救公司免於破產——一個我們一無所知的危機，甚至到前一天下班前都不知道。計畫項目被擱置，每天我們收到新郵件，祝福

被遣散的同事在新的工作上發展順利。過了六個月不確定的日子以後，我和人事部主任被叫進主管辦公室，就這樣以一通電話被資遣。雖然這在我意料之中，但我並不覺得比較好過，更何況我無法確定未來的工作，也不知道要如何支付房貸。

　　在人生的選擇中，我似乎總是陷入必須做出重大決定的困境。我應該做這個選擇，還是另一個？每次思考有關未來的多數決定和應對之道，我會麻痺自我，在腦海裡不斷陷入兩難的選項中猶豫不決。有個朋友跟我說，「史蒂芬，你好像是艱難抉擇的代表。」那很痛苦，我不喜歡受制於選擇和不知道怎麼做的境地。我跟他們開玩笑說我是不確定專家！生活對於我而言，一直處於「不知道」的糾結中，不只是我前面提過比較戲劇化的事件，也包含每天必須做的選擇。我只知道一定要有更好的方式和未知相處。

　　和你一樣，完成此書的過程我們一路掙扎於未知。研究和寫作的歷程幫助我們與「不知道」建立新關係。我們不再急於依賴現有的知識，對於聲稱確定的人抱持更多懷疑，並且更怡然自得於「不知道」的狀態。我們希望你也能有此體會。

　　在本書結尾，我們會提供反思的問題和可行的實驗，幫助你進一步發展個人的探詢。

　　在你開始本書的旅程時，我們鼓勵你帶著探索的心態，接受一路上遇到的曲折、變化和發現。如同西班牙作家馬查多（Antonio Machado）所言：「旅行者是沒有道路可循的，因為路是自己走出來的。」

PART I

The Dangers
of
Knowledge

知識的威脅

二種智力

智力有二種類型：一是學習類，上學的孩子背誦書本和老師所教導的事實和觀念，匯集傳統科學和新科學的資訊。

你利用這類智力在社會立身處事。根據你取得資訊的能力，因而超越或落後他人。你帶著這種智力自在進出知識的領域，為你個人留下更多紀錄。

還有另一種智力是已經完整並保存在你心中的東西。如彈簧箱飛彈而出的彈簧，胸口的新鮮氣息。這種智力不會枯萎變黃或停滯不前。它是流動的，但不會透過學習的管道從外面取得。

第二種「知道」是一種泉源，會從你心中流洩而出。

——魯米，波斯和蘇菲派神秘主義詩人

知識的威脅

The Dangers of Knowledge

知識的強大力量 1-1

Knowledge is Powerful

　　看見孩子第一次踏出蹣跚的步伐，父母眉開眼笑一把將她抱入懷裡。第一次開口說的話、第一次表演的歌，或是進入學校拼字總決賽——她從中得到讚美和尊敬。在最初時我們就因為累積了知識和長處，得到讚許、欣賞和表揚。

　　培根爵士（Sir Francis Bacon）的至理名言「知識就是力量」是如此受到肯定，不需要多加贅述。我們從學校、職場和生活中所得到的專業知識（被認定為「知道」），決定了我們的地位，並帶來影響、權力和名譽。光是知識的外觀即給人莊重的形象，並得到我們強烈的關注。

　　過去幾十年來，已開發及發展中的經濟體皆無可避免的持續朝向服務業發展，逐漸遠離農業和製造業。目前越來越多人從事「以思考謀生」的行業。在許多國家，取得某種程度的正規教育，可以獲得就業的機會並提高收入。教育程度高直接與健康狀況良好、低生育率和長壽劃上等號。[1]

　　撇開實際利益不談，知識和專業帶來的級別和權力，能夠讓我們覺得自己更重要和更有價值。我們也更加自信，這樣或許會因而激發我們的野心，試圖提升伴隨成功而來的地位。

　　作家和哲學家塔雷伯（Nassim Nicholas Taleb）告訴我們，我們經常將

知識視為「必須保護及捍衛的個人財產。這個裝飾品能夠讓我們提升權勢等級，所以我們認真看待所擁有的知識。」[2] 組織重視能力和專業，因而持續養大我們對知識的胃口。評估表現有具體的標準，直接影響升職、酬勞、紅利和其他獎勵。這些因素凸顯出一種信念，即我們能力越強就會變得更成功，我們爬得越高，就會得到更多的報酬。

我們不只在外在世界因為得到知識和確定事物得到獎勵，這種觀念也深植於我們的大腦。近年來在神經科學方面的研究顯示，確定性是我們學習發揮最佳效果所需的關鍵條件之一。神經科學家洛可（David Rock）還提出，我們的確定性產生威脅時，神經系統可能等同身體遭受攻擊般產生疼痛感。[3] 其他研究也支持了這個論點，有關不確定性對大腦的影響研究顯示，少量的不確定性會引發大腦的「錯誤」反應。生活在顯著的不確定性當中會使人衰弱，例如不瞭解老闆對我們的期望，或是等待檢查結果確定是否罹患重大疾病。我們的大腦不斷在找尋答案。

來自加大的神經科學家葛詹尼加（Michael Gazzaniga）為了查證這個論點，研究一群患有嚴重癲癇並接受大腦半邊切除手術的人。葛詹尼加分別對只有左腦或右腦的對象進行同樣的實驗並得出以下結論，大腦的左半邊有個他稱為翻譯機的神經網絡。左半腦持續翻譯的能力代表其「不斷尋找秩序和理由，即便兩者皆不存在的時候也是如此。」[4]

難怪我們如此迫切追求各種形式的知識，因為知識是如此美好。它保證我們會得到獎勵、尊敬、升官和財富、健康及自信。

不過或許謹慎一點比較好。曾幾何時某人對你推銷的東西是好到沒有任何缺點的？知識的問題在於一個鐵的事實，就是它非常有用。儘管它可能因此讓我們有所限制——矛盾地阻礙新的學習和成長，但我們仍會緊握著不放。

YOUR KNOWLEDGE

你的知識

● 舒適圈

○ 不知道

NEW IDEAS 新想法

FREEDOM 自由

CREATIVITY 創意

FLUIDITY 變通性

SILENCE 沈默

EXCITEMENT 興奮

COURAGE 勇氣

MINDFULNESS 正念

OPP   機會

LEA   學習

LIGHT 亮光

AWARENESS 意識

INFORMATION 資訊

REALIZATION 實現

SPACE 空間

IMMUNITY 免疫性

FLEXIBILITY 靈活性

INTELLIGENCE 智力

已知的魅惑

The Allure of the Known

1-2

1537 年，帕多瓦（Padua）。維薩留斯（Andreas Vesalius），一名年輕的法蘭西斯解剖學家帶著簡單行囊和渴望暸解人體的強烈心願，走進城門前往當地大學就讀。他在對的時間來到了對的地方。帕多瓦這座文藝復興時期的城市，位於威尼斯西方 35 公里處，正迅速發展為國際性藝術和科學重鎮。維薩留斯選擇的學校當時公認是歐洲最具權威的醫學和解剖學院，有二百年歷史之久。[5]

維薩留斯在 1514 年出生於布魯塞爾（Brussels），是宮廷藥劑師的兒子，自小就對身體很著迷。經常有人發現他和肢解的貓狗和老鼠在一起，他在自家附近捕捉動物進行解剖，[6] 而且還為了想拿到完整的人體骨架，從絞刑架上偷了一具屍體，[7] 讓自己和家人陷入危險的處境。十八歲時，一股學習身體的熱情促使他前往巴黎開始學醫。也在那裡開始接觸了蓋倫（Galen）的開創性解剖成果，蓋倫出生於帕加馬（Pergamon），是希臘醫師、外科醫師和哲學家。

蓋倫在醫學界享有舉足輕重的地位。他的著作闡述治療格鬥士受傷的豐富經驗，他是三任羅馬國王的御醫。蓋倫的著作非常有用，因為他不只解釋人體的結構，也包括人體運作的複雜工程。舉例來說，他證明了喉嚨會產

生聲音，並且首先確認了靜脈（暗色）和動脈（豔色）的血液有顯著差異。幾百年來醫師盲目擁戴他的研究，從不懷疑其聲明的正確性。因此儘管過了1400多年，蓋倫的人體研究依然是解剖學家和醫師主要的參考來源，並形成文藝復興時期歐洲醫學訓練的重要基礎。

維薩留斯和之前許多學生一樣，也很著迷蓋倫的研究結果，剛開始他也認為一切都很清楚並令人信服。不過當他沈浸於解剖研究，並以更批判性的眼光閱讀蓋倫的作品時，他開始注意到一些不一致和小錯誤。他懷疑蓋倫的部分主張聲明，並因為多次參加大學裡私人和公開講座而更加確定他的懷疑是對的。

在那個年代，解剖可是一件大事，而且必須在眾多學生和應邀的嘉賓學者面前執行。這些活動具有高度的儀式性和控制性，受制於傳統和大學的嚴格規定。解剖由一名解剖學教授坐在一張高大的椅子上主持，他並不會實際參與活動。他唯一的用處是在外科醫師執行實際解剖時，朗讀蓋倫的解剖書籍，而一名講解者會指出正在檢驗的身體具體部分。雖然這些解剖步驟都由經驗老到的學者執行，但在維薩留斯看來，這些似乎只是為了加強舊有的蓋倫理論，而不是一次新的學習機會。這種盲目服從蓋倫的現象，嚴重到連外科醫師捧著人體心臟時都還要針對蓋倫提出的三心室發表評論，儘管明擺在他眼前的是四個心室。維薩留斯在幾年後的著作裡提到，反駁蓋倫權威的事是無法想像的，「彷彿我正要暗地裡懷疑靈魂的不朽。」[8]

蓋倫的著作代表知識的地位、已知的確定事物、舒適圈。雖然以現今的觀點，羅馬的解剖學似乎有點過時，但我們依然會因為仰賴現有知識的確定性，犯下類似的錯誤。

過度自信的遮眼罩

1-3

Overconfidence Blinkers

「過度自信的專業人員由衷相信他們具有專業，表現得像專家，看起來像專家。你不得不努力提醒自己他們可能被幻想控制了。」

——心理學家康納曼（Daniel Kahneman）

羅伯斯比爾（Maximilien de Robespierre）、洛瓦諾（Galileo Lovano）、羅倫佐（Bonnie Prince Lorenzo）、傷膝骨（Wounded Knee）、雪達克女王（Queen Shaddock）、畢馬龍（Pygmalion）、墨菲的最後一程（Murphy's Last Ride），浮士德博士（Doctor Faustus）。你認得其中任何名稱嗎？

加州大學哈斯商業學院安德森帶領的研究團隊，在學期一開始交給 243 名 MBA 學生這些歷史名稱和事件。這些學生必須確認他們知道或認得的名單。研究人員在真實名稱中混合捏造的名稱，例如洛瓦諾、羅倫佐、雪達克女王和墨菲的最後一程（你知道的，不是嗎？）。選擇最多捏造名稱的學生被認為是最過份自信的人，因為他們相信他們比實際上更有知識。[9]

該學期結束後進行的一項調查顯示，那些同樣過度自信的人，在其團體中也會成就最高的社會地位。他們在同儕中頗受敬重、往往獲得更多讚美和聆聽，並且更能影響團體的決定。安德森指出，團體成員不認為地位高的同

儕過份自信。他們僅認為非常出色，所以那些人的過度自信看起來不是傲慢或自戀，只是象徵一種美好本質。[10]

所謂實際務實的信心是基於對自己能力的了解，是能否在這世上生存並成功的重大關鍵。缺乏務實的自信會導致自卑、職場表現不佳、人際關係不好，並且對我們的心理健康和生活品質造成負面的影響。[11] 反之，進一步審視安德森的研究發現，真正自信的人往往在自己所選的領域上擁有成功和成就，包括工作被錄取、升職、贏得大筆交易或爭取到大客戶。[12]

務實的自信不會讓我們陷入麻煩，但它的夥伴，過度自信則會。過度自信是一種偏見，我們過於正面、錯誤看待和評估我們的判斷和能力。50多年來的研究顯示人類有個不可思議的毛病，他們認為自己幾乎在各方面「高於一般水準」。比方說，摩托車騎士相信他們比一般騎士更不容易發生事故，而企業領導者相信，他們的公司比起同行的一般公司成功的機會更大。這次研究也顯示，94％的大學教授，認為他們能夠勝任高於一般水準的工作，外科實習醫生診斷 X 光片結果時也太過於自信，而臨床心理醫師也認為自己預測無誤的可能性很高。[13] 雖然過度自信有這麼多缺點，但由於龐大的社會效益還是非常普遍，比方說，在政治圈已經證實，如果選民覺得自信的政治人物更值得信賴，那麼候選人會明白為了贏得選戰，他們必須表現得比對手更有信心。[14] 從事仰賴知識和專業累積的職業必須謹慎小心，別因為過度自信和非常需要你們提供建議的人的高度期望而誤入陷阱。赫拉克里特斯（Heraclitus）的話雖然超過二千五百年，今天看來依然是真理：

「雖然我們需要道理讓已知事物普及，世人依然把專家的廢話當成一種智慧形式。」

英特爾公司（Intel）執行長葛洛夫（Andy Grove）在 1995 年被診斷出前列腺癌，他對醫生直接而明確的建議——手術是對他最好的治療方案，感到非常失望。被他的自傳作家泰德洛（Richard S Tedlow）暱稱為「讓我們為自己著想的葛洛夫」，沒有將醫生的建議當真。在 1950 年代從匈牙利移民至美國，過去在納粹和共產黨下求生存的他，決心找到最適合他的癌症治療方法。他對自己的疾病展開大規模研究，很快發現取代手術的方案。他發現的是現成的數據，但沒有一個醫生跟他提過，或建議他認真考慮。醫生的狹隘心態讓他大感震驚，於是葛洛夫選擇了一種另類療法稱為「雷射接種。」

葛洛夫請問執行此療程的醫師，如果他自己處於這種情況會怎麼做？醫生說他很可能會動手術。接著他對著驚訝的葛洛夫繼續解釋：「你也知道，所有這些醫學訓練，都已在我們心中潛移默化，前列腺癌的標準做法是手術。我想那至今仍影響我的思維。」[15]

葛洛夫在 1996 年於《財星》雜誌發表文章《戰勝前列腺癌》（Taking on Prostrate Cancer），他想起史戴米博士（Dr Thomas A Stamey）的話，身為當時史丹福大學的泌尿科負責人，他解釋了醫學專業面對的挑戰：

「……面對超乎我們理解的嚴重疾病時，｛我們每個人｝都會變得像小孩一樣害怕，還要找人告訴我們怎麼做。外科醫生必須義不容辭提供前列腺癌患者選擇方案，且不能加入個人的偏見，而偏見可能或可能不是根據最客觀的資訊而來。要實現這個理想，我們還有很長一段路要走。」

事實上，能夠讓世人成為專家、在個人領域上貢獻所學的深入知識和研究的具體重點，正好也可能會限制他們的視野。在專業領域方面受到肯定，並且因為專長受到表揚的人，通常沒有誘因讓他們看待該領域以外的事物。

他們越專業，眼界就變得更狹窄。專家往往過度投入已知事物，以致於無法質疑已知事物或是承認他們不知道。[16]

專業的限制　　　　　　　　　　1-4

The limits of Specialization

「如果你無法簡單解釋，那表示你還不夠理解。」

——阿爾伯特‧愛因斯坦（Albert Einstein）

　　企業在不斷尋找競爭優勢時，需要的是已經具有專業知識的人才。此舉助長了大家繼續走向深入而非廣泛的正規和非正規學習。我們在工作中觀察到這個趨勢，人人都希望持續加強他們已經開發的技能，而不是投資取得新技能。他們非常在意某個領域訓練多年的成本，就是無法捨棄和再次「從頭開始」。

　　專業化有其效益，但也伴隨著風險：我們變得更有能力的同時，越容易受制於「知識的詛咒。」知識的詛咒是指你知道的越多，你越難以簡單的方式思考和談論你的專業領域。[17] 我們往往站在太高階的層面與人溝通，誤判了別人瞭解我們的能力，造成別人的疑惑或阻礙他們的學習。在以知識交流為任務的地方，這個詛咒會讓知識失效，因為我們預期溝通的對象無法吸收我們想傳達的知識。

　　複雜或充滿術語的語言也可能掩蓋真正的知識——業餘者學會了相關的行話或術語，利用它們創造知識的印象。觀眾是最無辜的受害者，不管是被

真正的專家搞混，還是被不具專業知識、但巧妙利用術語掩蓋本身無知的人士誤導。

專業知識也可能阻擋思考複雜問題的新視角。誠如〈知識的詛咒〉（The Curse of Knowledge）作者希斯（Chip and Dan Heath）所言：「我們被授與知識的時候，根本無法想像缺少那樣知識會怎麼樣。」[18] 我們在特定主題上擁有越多專業知識，越難以中立的方式建構問題讓眾人理解。我們對問題的定義本身，即是我們自己看待問題的角度。我們的知識和專業限制了我們對於可能解決方案的觀點和探索，讓我們難以橫向思考，或是「跳脫框架」思考。行為經濟學家稱這個為「定錨偏差」（anchoring bias）——當問題的本質已得到確認，或受到現有知識的「定錨（支持）」。[19]

國際愛滋疫苗計畫（The International AIDS Vaccine Initiative）是一個研究獎項，旨在找到防治愛滋病毒的新辦法。該計畫鼓勵公然挑戰科學界，想出有效對抗病毒的接種方法。可惜的是，定義為疫苗挑戰的「需求建議書」也無法得到很好的迴響。因為專家已經不慎將問題「定錨」為疫苗，於是思維難免受限於尋找正好是疫苗的解決辦法。在某種程度上，這是一種偏見的形式——解決辦法已被事先判定是疫苗，雖然非疫苗解決辦法可能更勝一籌。俗話說得好：「如果你是一把斧頭，那每樣東西看起來都像釘子。」

創新顧問辛格（Andy Zynga）建議將問題建構為蛋白質穩定性挑戰，而非疫苗開發挑戰。[20] 重新於問題本身（蛋白質穩定），而非解決方案類型（疫苗）建構挑戰，該挑戰能夠開放給更多領域的思想家和專家思考。重新建構問題以後，其成果是來自 14 個國家的高素質科學家呈交了 34 份提案，比之前的解決辦法涵蓋了更廣泛和創新的思維。其

中三份獲得贊助研究經費。如果個人或組織擁有高度的專業知識，有時候他們的專業界線，反而妨礙了他們從新鮮角度觀察問題的能力。

在《專家政治判斷》（Expert Political Judgement）[21] 書中，賓州大學心理學暨管理學教授泰羅克（Philip Tetlock）分析了由專家所做的 2,500 多份預測，以及後來實際發生的結果。希臘詩人亞基羅古斯（Archilochus）的作品將人類比喻為二種動物：「狐狸」和「刺蝟」。狐狸知道很多事情，但專家刺蝟只知道一件大事。泰羅克發現，狐狸所做的預測比起刺蝟專家多半來得準確。造成此一現象的部分原因是，專家的狹隘焦點阻礙了他們觀察專業以外的更大範圍。因此，根據泰羅克的說法，知道很多的人可能更讓人質疑其預測事情的能力。但他也發現，通常是過度自信的讓專家看不出矛盾的意見：這是標準的傲慢的案例。「受重視的專家比起遠離聚光燈努力維持存在感的同事更過份自信。」泰羅克表示。[22]

Chapter 1: The Dangers of Knowledge

任性的盲目   1-5

Wilful Blindness

> 「很多人無法理解所看見的事物，無法判斷所學的事物，雖然他們告訴自己他們知道。」
>
> ——赫拉克里特斯（Heraclitus）

利比（Libby）是蒙大拿州（Montana）西北邊的迷人小鎮，鄰近加拿大邊境。2,600 人的社區座落於冰河切割形成的狹窄庫特奈河流域（Kootenai River），周遭環繞森林覆蓋的群山。如果你經過利比小鎮，第一印象會是古樸的咖啡館、古早時代的商店和各個角落的「我愛利比」招牌。這是一個尋常的美國鄉村小鎮，但發生在利比的事非比尋常。在這令人嘆為觀止的風景和寧靜的街道，一場悲劇正緩緩展開。

50 多年來，利比社區一直在對抗一種石棉肺的流行病及與石棉有關的疾病，鎮上已經有數百人死亡，三代家族受到牽連。利比鎮的死亡率比起美國其他地區高出 80 倍，隨時不斷有新病例被診斷出來。環保署稱此情況為「美國史上最可怕的環境疾病」，利比鎮已經被稱為「核爆點」（ground zero）。

這種疾病跟利比小鎮附近的蛭石礦廠有關，該礦場由葛雷斯公司（the

成為專家的知識

可能限制和窄化你的視野

WR Grace Company）在 1963 年收購。但問題不在蛭石本身，而是岩石中發現含有少量透閃石的事實，那是石棉中最具毒性的形式。在顯微鏡下，長形的透閃石纖維看起來像鉤刺的形狀，吸入時會侵略肺部組織，造成嚴重破壞。

1960 年代早期，大家都知道石棉會導致肺病。1955 年公司內部的備忘錄提到「員工暴露於石棉的危險」，很多員工的胸部 X 光檢查都逐漸顯露石棉肺病的早期徵兆，但受害者並不知道這件事。

利比的居民也同樣暴露於這種有毒塵埃中。

「它無所不在。精細到你在空氣中看不到它。但你可以看見它沈澱在你的咖啡裡。」

前礦工威爾金斯（Bob Wilkins）在接受電台訪問時說。當地居民在 1960 年代初期開始因為石棉染病而死亡。到了 1990 年，每四戶人家就有一戶感染呼吸道疾病，幾乎每星期都有葬禮舉行。然而儘管大量證據顯示，這個社區正在發生某個很可怕的錯誤，當地、州立和聯邦當局卻沒有採取任何行動。他們和該地區都對此事視而不見了 30 多年，而主事的礦業公司否認他們與這種疾病和死亡有任何關連。

然後一名當地女性班尼菲爾德（Gayla Benefield）開口了。被描寫為「比布羅克維齊（Erin Brockovich）老一點，但同樣有一張利嘴」[23] 的班尼菲爾德，變成努力提醒大家注意這場悲劇和將肇事者繩之以法的形象。過去 40 多年來，班尼菲爾德的家族有 30 多名成員死於與肺部相關的疾病，包括她的父母，而其他跟她關係緊密的人也受到感染，包括她的女兒和孫女。

你會以為如此大規模的災難，造成如此悲慘的後果，一定很難忽視。

儘管鐵證歷歷，又和流行病有直接的個人接觸。儘管失去了大部分的朋友、鄰居和家人，這些小鎮居民卻還是依然故我過著尋常日子，彷彿一切都沒問題。利比是一個正在哀鳴的小鎮，正確的說法是奄奄一息的社區，但沒有人打算承認；利比是任性盲從的典型例子。

當班尼菲爾德設法告訴大家這件對她而言很顯而易見的事，她收到各種不同的反應。他們無視、逃避、嘲笑、排斥、抗拒和否認她的說法。健康不受影響的居民對於其他人的健康結果抱持最懷疑的態度。他們提出如果情況已經如此危

急，那麼肯定會有人做點什麼事。醫生會出來說明，或是當局人士會加以干預。像班尼菲爾德這樣的當地中年人，對石棉肺病能有多少了解？很多人堅稱利比沒有問題；他們認為這個小鎮是適合生活和養家的絕佳安全地點。——「眾所皆知這個小鎮沒有任何問題。」[24] 有些人甚至做了汽車貼紙，上面寫著：「我從蒙大拿利比小鎮來的，我沒有石棉肺病。」

該社區演變成兩派人馬，一派相信班尼菲爾德的說法，一派甚至不願意談這個話題。儘管大家普遍認為利比是一個充滿愛心和相互幫忙的社區，但得到這種疾病的患者，最好的情況是得到冷處理，最壞的情況則要面對憤怒和不滿。彷彿全世界都在共謀忽視這個明顯的事實。就連環保局一開始聽到消息也抱持懷疑態度。和在他之前的人一樣，普洛納德（Paul Peronard）（環保署指派調查利比情況的小組組長）的第一反應是：

「如果發生了這麼糟糕的事情，我們會知道的。大家都會知道。這一定是胡說八道。」[25]

但是班尼菲爾德沒有放棄。終於清潔隊穿著防護服開始出現在鎮上，

用膠帶封鎖了有毒地點，挖出數公噸受污染的土壤，用貨車載走，將所有家庭遷離，用塑膠布蓋住那些房屋。但即使如此，有些鄉民仍拒絕接受現實情況。一家石棉肺病診所在利比鎮開業時，剛開始大家還是從後門進出，不願意承認班尼菲爾德自始至終都是對的。[26]

葛雷斯礦業公司繼續否認有問題，直到在法庭上被舉證為止。該公司被判定賠償感染此疾病的家庭。大家開始逐漸接受這個小鎮悲劇的嚴重性。汽車貼紙換了，現在寫著：「我們正盡力處理石棉的問題。」

如果一開始鄉民、有關當局和政治家聽到罹患石棉肺病的可能時，說的是「我不知道怎麼回事？」會有什麼不同？如果他們針對問題展開調查會有什麼不同？他們對於已經「知道」的事情太過依賴並根深蒂固，也就是利比鎮是扶養孩子很安全的地方、很美好的社區。他們死守著已知事物，沒有留下任何懷疑、不知道的空間，因此導致災難性後果。

知識的偽裝　　　　　　　　1-6
The Pretence of Knowledge

「聽信打領帶的人做的預測不是一件很明智的事。」

——納西姆・尼可拉斯・塔雷伯（Nassim Nicholas Taleb）

　　海耶克（Friedrich Hayek）於 1974 年榮獲諾貝爾經濟學獎，當時他的得獎演說題目是「知識的偽裝」（The Pretense of Knowledge），其中他提出警告，切勿根據古典經濟學理論假設的無所不知觀點制訂政策。此後的研究一再證明依賴專家預測會產生問題——因為他們通常是錯的。[27]

　　2008 年 11 月金融海嘯最高點之際，雷曼兄弟（Lehman Brothers）投資銀行倒閉後，英國女王依莉莎白二世（Queen Elizabeth II）訪問倫敦政經學院。面對一群卓越的經濟學家、專家和學生，她問了一個簡單但衝擊性強大的問題：「為何沒人注意到即將發生的信貸緊縮？」

　　2009 年 6 月 17 日，英國科學院（the British Academy）召開論壇，邀集倫敦市的專家學者和代表、企業、監管機構和政府，共同來辯論這個問題的答案。

　　在 2009 年 7 月 26 日的禁運令以後發佈的信中指出，對很多人來說，

為什麼思考強者總愛「不知道」？

這個危機並不是未知的事。事實上，它是可預測的。

> 「很多人確實預見了那項危機……關於金融市場和全球經濟的失衡有不少警告。例如，國際清算銀行（the Bank of International Settlements）不斷表達疑慮，風險似乎沒有適當反映在金融市場上。」

信中繼續說，英格蘭銀行（the Bank of England）在他們每半年發布一次的金融穩定報告中提出許多警告。風險管理師也沒有短缺問題——一家銀行據說有四千名。

實際上這不只是提出警告的問題。那封信確認問題在於少數專家的過度自信；他們知道自己在做什麼的執念，以及在複雜情況下眾人對於專家的盲目信任。

「但是和那些警告者相反，多數人相信銀行知道他們在做什麼。他們認為金融奇才已經找到新的管理風險的明智作法。沒錯，有些人聲稱透過一系列新奇的理財工具，已經分散並幾乎排除了風險。這真是一廂情願加上傲慢的最佳範例……沒有人願意相信他們的判斷可能有誤，或是他們沒有能力細查所管理的組織風險。這一代的銀行家和金融家還有那些自視為先進經濟體系傑出工程師的人都在自我欺騙。」[28]

簽署人承認，規範不嚴、低利率和通貨膨脹的環境也是造成此局面的因素。然而信裡寫得很清楚，雖然發揮作用的每個人都很有才智，但這是集體的失敗，傲慢、從眾心理和盲目相信專家才是關鍵因素。

葛林斯潘（Alan Greenspan），當時的美國聯邦儲備委員會（the Federal Reserve of the US）主席承認預測全球金融危機的挑戰：「聯準會算是現存的優良經濟組織，」葛林斯潘說。「如果連那些卓越的人才都無法預知此棘手問

題的發展⋯⋯我們必須自問：為什麼會如此？而答案就是我們人沒有那麼聰明。我們就是無法如此提前瞭解事件。」[29]

雖然我們可能不想承認，但人類確實有嚴重的認知限制。以象棋來說。多數人會同意象棋大師（全世界到 2013 年為止只有 1,441 位[30]）擁有超凡的認知能力，特別在象棋方面。然而在象棋這種具有固定和一貫規則的遊戲中，大師也只能提前想到 10 至 15 步。將象棋比賽與世界經濟相比。想像任何人、或甚至四千名風險管理師，可能提前準確預測市場動向是很愚蠢的事——那些市場有數百萬個行動者，做出數百萬個既理性又非理性、既可預測又混亂的交叉選擇。

基迦恩薩（Gerd Gigerenzer）是柏林馬克斯普朗克科學促進協會（the Max Planck Institute）適應行為與認知中心主任，他很訝異世人依然如此盲目相信自己的理財師，堅持其他人能夠幫他們預測未來的信念。一年一次，金融機構展開道瓊斯指數和美元匯率走勢的年度預測，然而，他提醒我們：「他們的追蹤記錄跟機率差不了多少。我們每年支付二千億美元給預測產業，傳遞大多數錯誤的未來預測。」[31]

理解和預測 2008 年金融危機的人不是專家。如泰羅克所說（狐狸和刺蝟的觀念，請看 32 頁），專家一般最不擅於精準的預測——世界跑得比他們所願意承認的快，而專家被質疑時，很少會承認自己錯了，反而會怪罪於多變的情勢。[32]

我們敏銳感覺到來自周遭的壓力，我們要掩飾自己的無能和不足，假裝我們有答案，甚至沒有也假裝有——或是我們必須相信別人有答案。我們寄望於專家，並認定他們知道自己在幹嘛。有時候甚至連指向相反證據時，我們還寧願相信某人錯誤的確定性，而不去質疑和運用自己的判斷。這種強烈的依賴性完全反映在我們與領導者之間的關係。

2

依賴專家與領袖

Dependency on Experts and Leaders

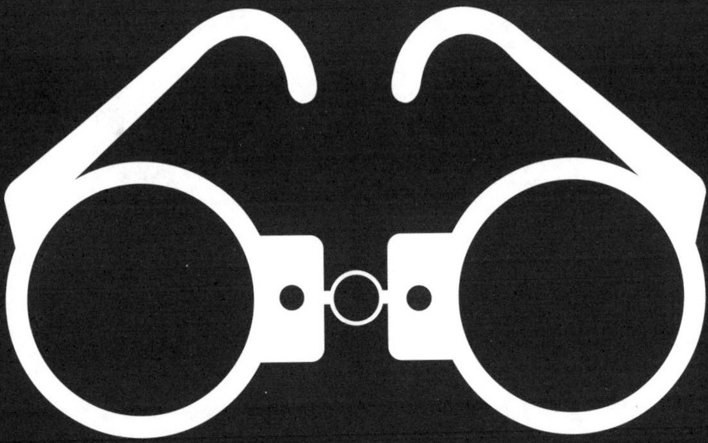

「當心知識所投射的陰影」

"beware the shadow that
our knowledge casts."

過程導向心理醫師＆諮商師茱莉・戴爾蒙（Julie Diamond）

知道太多的領袖　　　2-1
The Leader Who Knew Too Much

　　安娜‧希米歐尼（Anna Simioni）是歐洲一家金融機構的前學習長，她國小時不想讀書，很討厭寫作業。雖然她上課很專心，表現也很好，卻常常和同學交換寫作業。她不拘泥於必須「知道」的觀點；很滿足於「夠好」的狀態。

　　中學時，安娜和一小群朋友開始她自創的哲學運動，他們自稱為「未知者：無法確定事物的人。」他們的座右銘是「沒有絕對，」因為他們認為你永遠無法肯定知道在某個你相信或不相信的時刻，你打算或不打算做某件事。安娜上了大學以後很驚訝地發現，「不確定」是大學裡難以見容的事。她的教授認為問題有對錯的答案，沒有模糊地帶。每次她做選擇題測驗都覺得至少有二個可能的正確答案，至少在某些情況下不只有一個答案。但是教授似乎不想管她的想法。他們會說「正確答案是這個；另一個是錯的。」

　　安娜開始從事諮商工作以後，一切都變了。如她所言，「我想那個經驗害了我。我覺得為了客戶，我必須知道正確的答案。驅使我必須知道和增加專業度的理由是，我是個年輕有魅力的女人，而且我從事的是以男性為主的行業。我迫切渴望自己的能力受到肯定。我不想聽到別人說『她做這行是因為漂亮或親切。』」因此由於她的家庭背景、大學經驗和對角色的自我期許，

為什麼思考強者總愛「不知道」？

安娜陷入「對或錯」的思維習慣，能力變成她的關注焦點。

安娜很快被組織肯定為「頂尖人才。」年僅二十四歲的她做了一次心理測驗以後，一名專業的心理醫師說她從未見過像她這種資歷的人：她有當執行長的潛力。安娜覺得受寵若驚，而這也逼使她更加仰仗於能力——她追求能力的動力和逐漸加強的專業如今有所收穫。她獲得升遷並贏得許多「表現傑出」的獎項。然而她的同事發現她很堅持自己的方法，因此都叫她「方法捍衛者。」安娜的同事根據客戶的需求尋找適合的各種方法，但她卻力求保留方法，無法揚棄。

安娜三十幾歲時，以自己的專業建立了事業，並覺得更有自信和權力做她想做的事。

「那時候我是個很難相處的朋友。自信滿滿又堅持己見，人際關係非常受限。我有一群精挑細選的朋友，並且和我的核心團隊的關係非常親密。他們很欣賞我的熱情和固執，但是核心團隊以外的人非常痛苦。我太聰明、太有能力，並且被認為太有距離感。」

當安娜做完一份針對她的 360 度回饋評鑑時，警鐘響起。她的員工評鑑她擁有百分百的能力，但他們說不喜歡與她共事。他們覺得自己沒有成長、犯錯或貢獻的空間。他們認為自己的意見無關緊要，反正每次她都那麼厲害，一直都掌握一切，每件事都做得很好。由此對於安娜團隊的影響顯而易見——他們並非主動為她做事。

「某方面來說，我的團隊因為我『瞭解一切方法』而受苦」剛開始看到回饋報告，她覺得心情很差。「我很自豪於自己的能力。實際上，我認為那是管

理者最大的優勢。『要是我會很喜歡有能力和公平的主管！』，我心想。在我看來，我做的事是正確的。我告訴員工『我們必須用這樣的方法做事』，藉此給予他們自信。」

但安娜現在明白，她體恤員工的方式反而造成他們的焦慮感。

「如果你的主管什麼都懂而你不是，那顯然你可能會覺得自己永遠都無法成功。如果你有個像那樣的主管，你會覺得『這好困難，』或『這在我們組織裡是非常奇特的』，那麼主管的知識可能會減弱員工自立的能力。我希望做出重大改變，因為這是必要的，但我因為自己的行為反而阻礙了那個改變。」

安娜的知識和專業太過遠離員工的現實經驗；她告訴他們必須做什麼的方式，反而讓他們覺得自己缺乏、而非增加能力。自此她明白了在員工焦慮時，和他們談話反而會阻礙溝通的進行。「當遇到不好處理的複雜事務時，我們很容易把人當小孩對待：『好了，別費事了，我會告訴你怎麼做。』我們認為那是在幫他們。我這麼做真的是出自善意，因為我認為那樣是有益的。」

然而，安娜一直以來覺得很不安。而唯一可以處理她的「不知道」焦慮的方法是採取「我必須告訴你」手段。她以為這會讓人覺得安心，幫助他們更有效率。她說明了自己工作上必須知道的壓力：

「我覺得自己是唯一負責結果的人。我想要獲得好成果：我想要發揮我們最佳的表現。那是很大的挑戰，而且風險很高。我堅信我是唯一能扛下事情的人，導致我認為我必須清楚告訴同事該怎麼做。我知道什麼事必須的，所以這純粹就是是「跟著我做」而已。當事情因為負面緊張情勢無法得到好結

果時，我開始很失望，而且不明白我的員工為何無法積極按照我認為最好的方式做事。」

　　有些情況我們可能因為知道「太多」而阻礙進步。我們期許負責人應該知道「所有事」，如安娜的個案，可能會削弱我們身邊人的力量；可能會引發焦慮並讓人變得難以自立。我們往往太過依賴本身的知識和專業，因而限制了自我學習和成長。如果我們也管理員工，這也會對團隊造成傷害，因為知識最終會造成反常效應和墮落影響。

　　職場施加在我們身上的壓力和要求會造成知識的錯覺。加強我們免除懷疑的習性，導致我們很多人必須掌握好像知道自己在說什麼的技巧，就算我們不知道。身邊包圍著尋求我們同意和依賴我們專業的人，我們落入以為自己知道在做什麼的陷阱。

「完全確定」型的領袖的問題　　2-2

The Problem with "Certain" Leaders

　　「教條主義和懷疑主義，就某種意義而言，都是絕對哲學；一個是確定知道，一個是確定不知道。哲學應該排除確定性，無論是知識或是無知。」

哲學家伯特蘭・羅素（Bertrand Russell）

　　還記得聽到黛安娜王妃過世或甘迺迪總統被暗殺的消息時，你人在哪裡嗎？或是飛機撞上紐約世貿中心時你在做什麼？這些悲劇很可能會永久烙印在我們的腦海裡。但是過了一段時日，這些記憶又有多少一致性和正確性呢？我們可以多確定呢？

　　黛安娜：當時我在倫敦一家美國法律事務所上班，剛好在打電話給芝加哥辦公室的同事。當時我在趕一份報告，隔天早上就要交了，可是卻發現漏掉了一些很重要的數據。聽到我同事的聲音沒幾秒，我知道發生了可怕的事。「抱歉，我現在沒辦法說話，」他的語氣帶著驚慌。「我們紐約的辦公室被攻擊了。你開電視看，」然後他掛了電話。我滿腹疑惑離開辦公室，走到走廊想找人談一下。多數人都很平靜地在座位上工作，突然間經營合夥人衝進我

為什麼思考強者總愛「不知道」？

的辦公室大叫「我們被攻擊了！」混亂接踵而來。所有人跟著他到會議室，電視上正轉播大廈冒煙的畫面。我們都知道公司的紐約辦公室在世貿中心北塔的 54 至 59 樓。會議室很快擠滿了縮成一團的人，有些人在哭，有些人震驚地盯著螢幕看。我跟多數看過或聽過創傷事件的人一樣，對那天下午的事記憶深刻。我記得我使勁咬著指甲掙扎，不知道要看電視，還是衝出門外。我可以詳細描述當天的衣著，誰說了什麼和我的周圍環境。但研究顯示，我對當天的記憶是不可靠的。

以上被稱為「閃光燈記憶（flashbulb memories）」，是心理學家布朗（Roger Brown）和庫力克（James Kulik）在 1977 年介紹的術語。他們認為這些具有強烈戲劇性的事件，對我們情緒上有重大影響，因而烙印在我們的記憶裡，就像照片一樣，生動和準確捕捉了所有細節。每當回憶一件事伴隨著「我的記憶彷彿如昨天發生般鮮明」的說法時，很可能就是指我們人生中的閃光燈記憶。

然而有趣的不只是對於我們記憶力可信度的研究（顯示時間過得越久，記憶會越減退），還有對於這些記憶的正確性的有著高度確定感。1986 年 1 月挑戰者號太空梭爆炸後，心理學家尼瑟（Ulric Neisser）進行一項研究，比較學生在事件後立即的回憶和二年半以後的回憶。這項研究顯示，25% 的學生在之後對事件說法有顯著的不同。更令人驚訝的是，當他給那些學生看他們對於事件的矛盾說法、顯示原始手寫筆記時，他們強烈表示自己絕對肯定那個錯誤的記憶是正確的。有個學生甚至說：「這是我的筆跡，可是事實並非如此。」[33]

專家也無法免疫於確定性偏見，因為我們的信念越堅定，就越難以放手，或是承認我們的錯誤。[34] 這就像我們內在有個免疫系統，會自動打擊可

Chapter 2: Dependency on Experts and Leaders

你知道

自己的知識

　會帶給

你身邊的人

　陰影嗎？

能遭遇的懷疑和不確定性入侵，或是阻擋任何針對我們的堅定世界觀的挑戰。

知識導向的社會很重視確定性和看起來好像我們知道自己在說什麼，確定自我，能控制自己的主題、言詞堅定；這些都會讓我們看起來有能力。我們需要確定感，知道怎麼回事和讓事情順利進行才會顯得我們有用的想法是如此根深蒂固，因此我們可能都不會意識到它何時對我們的人生造成壓力、是如何呈現出來，及造成什麼影響。當有人看起來好像知道他們在做什麼時，我們的懷疑會減少。自信產生確定感，而懷疑造成不確定和對於工作能力的不信任。專家知道他們在做什麼的錯覺或幻想，讓人感覺很放心。

美國總統老布希和參議員凱瑞（John Kerry）在 2004 年 9 月 30 日的首次總統競選辯論會上，布希控訴凱瑞改變伊拉克戰爭的立場。

「我就是知道這世界如何運作，以及政府議會如何運作，美國總統必須有確定感。我們根據需求改變應對技巧，但我們絕不改變信念，也就是必須在全世界保護這個國家的策略信念。」[35]

凱瑞針對此點回應，「確定感」只會讓你陷入麻煩，最好是認清事實，採取相應政策。[36] 後來布希贏得選戰，他需要傳達自己是對的的確定感和信念，是影響他在中東宣戰的其中因素——假設那裡有大規模毀滅性武器。

政治家沒有多少操縱的空間。來自布里斯本的年輕政治家妮可·萊西歐（Nicole Lessio），在 2013 年 9 月 7 日的澳洲聯邦議會上幫工黨爭取席位以後，確信了「知道」的壓力是提高政治參與度的主要障礙。

「壓力非常大。你不想變成媒體上議論紛紛的候選人！你不想讓自己和家

人尷尬，你也一定不想讓你的黨難看。」

「假定或假裝知識要承擔很大的風險，媒體（尤其是）喜歡利用任何錯誤的事實。我接受過好幾次採訪，所有記者都很樂於從我提出的事實和圖表中『指出錯誤。』」

妮可的對手為現任國會議員，一生專注於持續全面評估細節。身為「業餘」挑戰者，她只能依賴來自黨總部的當日事件「日常簡報」郵件。但是她通常必須完全依賴自己的一般知識、熟知的政策領域具體知識和令人不安的未知。「這是有趣的矛盾——媒體和大眾期望你是『一般』人（換句話說不是政治人物，因為他們厭惡政治的職業化），但同時他們又期望你知道每個政策平台的枝微末節，這實在是很艱鉅的挑戰。」

妮可參加公共論壇時回答針對她的問題，她回應「那不是我完全肯定的事。我可以先留下你的資料、記下問題再回覆您嗎？」她反思當時面對質詢的其他候選人似乎感受到更多的知道壓力，因而在各種議題上偽裝知識。「有些選民很樂於接收被餵養的不正確資訊，也有人會嘲笑一些太過明顯的錯誤。我只能懷疑如果我犯了此類的錯誤，他們會找到自己的方法上新聞，反正很多選民都會把一系列活動錄下來，」妮可說。

加諸在政治人物的期望就像緊身衣，你很難改變人民的想法。英國前首相柴契爾夫人有句名言，「本人不受擺佈」，並拒絕任何示弱的表現。澳洲前首相陸克文（Kevin Rudd）在 2013 年 5 月 20 日自己的部落格網站上貼文，改變對於婚姻平權的立場，妮可表示讚揚。她在臉書宣傳網頁上轉貼，並引起廣大迴響——多數人表達支持，但有些人很驚訝陸克文改變想法。

妮可的故事說明了政治家和其他管理階層的艱難處境。也說明了我們很

多人面臨的不可能雙重困境。我們如何能一方面對於自己的知識保持懷疑、誠實以待，另一方面又符合別人對於確定性的期望呢？

期望的份量　　　　　2-3

The Weight of Expectations

　　巴斯大學組織理論教授蓋布瑞爾（Yiannis Gabriel）所進行的一項研究顯示，期望主事者是全能的萬事通來自於我們童年的經驗。教養是我們人生體驗全能萬事通角色的第一次經驗，我們的父母或養育我們的人開始變成我們宇宙的中心。我們出生時完全沒有力量，必須依賴他們給我們食物、住所和愛。如果我們夠幸運的話，他們會陪我們踏出第一步、在我們跌倒時拉我們一把、引導我們走向周圍的世界，當想法或情況令人費解時提供建議，以及在我們遇上麻煩時安慰我們。父母在孩子眼中是無所不知的專家。

　　雖然清楚記得父母的失敗和錯誤，但我們多數人還是會把這種完美和全知的錯覺帶到職場。它影響了我們和主管的關係，並強調了我們對主事者的期望。我們極度需要權威人物。我們想要相信有人可以解決我們正在面對的問題，幫助我們、「拯救」我們，即使我們的經驗告訴我們並不會如此，而且以前可能還失望了很多次。

　　凱洛琳是一家大公司 IT 部門的專案經理，她描述了和主管的關係。

　　「珍是我可以尋求建議的人。她總是撥時間給我，這點我真的很感激。我開始在這部門上班時，她很維護我，我們會一起吃午餐，談談業務的事。我

為什麼思考強者總愛「不知道」？

有好多事要學習，而且風險真的很高。我們正推出創新的技術平台，大家都嚴陣以待。我知道珍掌握了大局，她的自信讓人感到安心。就像在亂流飛行中看著空服員，所有的眼睛都在她身上，等著看她要如何反應。有一次我們搞砸了事情並覺得有點挫折。在珍的指揮下，我們能夠重新凝聚和調整。那是很艱難的時刻，但團隊真的合作無間。珍能夠解決你帶給她的任何問題。沒有她辦不到的事。我有很多事要跟她學習。

我們發現自己的不確定感越高，我們依賴主事者能釐清事情、並對我們保證沒事的傾向也越高。

史蒂芬：我目前和一家大型媒體企業管理團隊合作。所有的領導者都很聰明、合群，並彼此認識多年。我和一位同事為了探索不確定下的行為，決定要求他們先玩個「塞車」的遊戲。這遊戲有兩組人面對面，中間有空位。每個人可以往前走一步，但只能進入空位的地方。遊戲的目的是讓兩組人交換位置。遊戲開始時，兩組人覺得實驗各種可能性很有趣。首先他們開始找以前有過遊戲經驗、可以帶領小組的人，提出「有人玩過這個或類似的遊戲嗎？」的問題。隨著時間壓力增加，有人個別脫隊，想在紙上解決問題，其他人則一臉挫折地等待。接近會議結束時，資深主管開始惱火了，變得更專制一點，下達指示，告訴別人該怎麼做。接近結束時，任務還是沒有達成，所以團隊開始找人幫忙解救他們順利完成任務。「你可以幫我們嗎？」他們絕望地請教其中一名主持人。在壓力小的時候很容易配合別人，但是在壓力之下，團隊會變得很依賴主事者解決他們正在面對的問題。

我們追隨別人是因為他們所知道的事情，而不是他們不知道的事。我們

Chapter 2: Dependency on Experts and Leaders

找顧問是因為他們知道一些我們不知道的事。

　　壓力不只因為要展現能力，也是因為必須做出決定性的行動。上述的 IT 專案經理凱洛琳能夠解決所有團隊的問題嗎？不太可能。她永遠都知道怎麼做嗎？同樣地，也非常不可能。正如另一位資深主管對我們說過，「我覺得身為主管和專業人士有義務要提供答案。我覺得別人期望我必須『知道。』那是我在這裡的目的。」在這些期望的影響下，別人可能會原諒我們迫於無奈暫時說謊的行為。這些或許可以暫時減緩緊張局勢和不確定性，但長期看來，這些問題還是很難取得任何進展。

　　有時候這些高度期望甚至會讓我們欺騙自己和他人。

期望 EXPECT

假裝知道 2-4

Pretending to Know

假裝知道是很平常的現象，在各行各業、各個階層皆是如此。原因是捏造知識或假裝知道感覺好像比讓別人失望更好；比看似無能或失去他人信任更好，如同納許・凱依（Nash Kay）[37] 的看法，他是輪調至黎巴嫩電視台商業部門的業務菜鳥。他還沒證明自己的實力，而且和主管處得很不好。

納許的 60 歲上司彼得經常拿下數百萬交易、一路累積許多信用和權力，將部門提升至全新的局面。他的性格急躁：雖然他絕對守口如瓶，確保大家謹守需要知道的範圍，但他也鄙視無能和不知道答案的人。不過他個人很少給予任何答案。

有天彼得衝進納許的辦公室：「我現在需要一個有能力的人——擁有完美分析技巧，敏銳的商業頭腦和顧問思維。你有嗎？」

納許的心跳不已，他的右眼開始抽搐。彼得列出的要求他沒有一項符合：他沒有分析能力，也沒有諮詢的經驗。

「你聽到我說的話嗎？」彼得再說一次。納許試著儘可能保持沈著，並違背心意地說：「是的，我擁有全部特質。」

彼得立刻回應：「太好了。我們下午 2 點會議室見」，然後離開了房間。

「千真萬確；我說謊了，」納許反省著。「還不只如此。我還讓自己捲入一無所知的事情、傷害我的主管並可能連累到我的部門。為什麼？我被如此傑出的人物和資深主管的出現嚇到了嗎？我想要盡力保住我的工作嗎？反正我覺得如果拒絕了像彼得這種人的要求，等於是專業自殺行為，尤其在我們業務這方面。還是我在下賭注？試圖抓住我認為是快速攀登事業階梯的精彩冒險機會？或許是種種因素相加。」

　　欺騙彼得自己有能力的結果，讓納許陷入一陣混亂。幾週以來他沒日沒夜地工作，廣泛閱讀金融知識、盈虧平衡分析和一系列對他而言很陌生的商業概念。他設法跟上會議內容，還是有太多不懂的地方。他確定彼得很失望地看著他。除此之外，他每天只能睡三個小時，導致他很想辭職——只為了逃避壓力。話雖如此，三個月後他成功證明了自己，並符合期望表現傑出，但是自己的身體和心理健康卻付出相當慘痛的代價。

　　當我們面對困境，可能是要解決困難的問題，或是我們過去沒遇過的情況，我們通常會認為自己選擇有限，並傾向遮掩自己知識的不足。我們不是對世界假裝我們具有知識和專業，就是堅持自己固有的知識。雖然假裝知道會帶領我們至新的領域，例如納許的例子，但如果嚴重不足的話，也很可能會讓我們惹上麻煩。

盲目服從權威 2-5

Blind Obedience to Authority

「別相信一切，只因老師和長輩的權威。 別相信傳統，只因它們數代相傳下來。」

——佛陀

2011 年墜毀在俄羅斯斯摩棱斯克（Smolensk in Russia）的波蘭飛機，是一個民族悲劇，也是兩個國家同時宣佈哀悼的時刻。墜機的確切原因和應該追究的人或事因到如今都還存有爭議。各種原因被列入考慮，從視線不佳、俄羅斯塔台控制中心給予不正確訊息、駕駛員疏失、跑道附近樹木沒砍掉，甚至登陸的實際位置不正確都有。

俄羅斯的空難報告提供該事故一個有趣的觀點。報告中認為，波蘭機組人員沒有理會惡劣氣候的警告，是因為害怕他們的總統卡欽斯基（Lech Kaczynski）不高興。調查這起事件的俄羅斯州際航空委員會（The Interstate Aviation Committee (MAK) in Moscow） 領 導 人 阿 諾 迪 納（Tatayana Anodina）認為，駕駛員被迫承擔「不合理的風險。」[38] 她說在飛行期間，機組人員被多次告知目的地機場的惡劣天氣狀況，但還是沒有改變航道做出替代登陸行動。她的觀點是，二名飛行員擔心如果他們改飛其他機場會引起總

THE SOLID FOUNDATION OF

WHAT YOU KNOW

所知事物的穩固基礎

統卡欽斯基的「負面反應。」

「預期重要乘客的負面反應⋯⋯增加機組人員的心理壓力並影響繼續登陸的決定。」她說。飛機的飛行記錄器錄到一名機組人員說「他會很生氣，」明白指出波蘭總統不願更改個人行程的決心。波蘭的空軍總司令布拉希克將軍（Gen Andrzej Blasik）還進入駕駛艙施加壓力。阿諾迪納表示：

「接近飛機撞擊地面以前，波蘭空軍總司令布拉希克將軍出現在駕駛艙，造成機長心理壓力，因此他決定在沒必要冒險的情況下繼續下降，不計一切代價達成登陸目標。」

無論俄羅斯解讀事故發生原因的版本是否正確，這個故事說明了服從權威人士的壓力所造成的危險。這種壓力甚至在個人不認識權威人物或權威人士不在場的情況，都可能發生。

在 2012 年美國劇情紀錄片《服從》（Compliance）中，一名年輕女人遭到主管羞辱和陌生人性侵，當下那名陌生人是在電話中接受一名謊稱是警察的男士指示行動。該影片導演表示，該起事件並非偶發，在美國各州已經發生過 80 幾次之多。該影片描述受害者的無奈和痛苦，以及犯罪者在與權威人物關係模式下試圖做對事情的道德困境。為什麼只要都冠上服從「法律」的名號，權威人物就可以發生有辱人格的行為，甚至不受質疑？

當我們與權威產生服從關係時，它會釋放「不知道」的焦慮和痛苦。然而，盲目的服從，可能會強烈影響人們做出好決策、維持最佳表現的能力。更糟的是可能造成毀滅性後果。

Chapter

3

未知的成長

Growth
of
the Unknown

「知識就像一顆球，體積越大，接觸的未知表面越大。」

17 世紀數學家・布萊茲・帕斯卡（Blaise Pascal）

知識不斷變化 3-1

Knowledge Keeps Changing

　　不管世界普遍改變的速度快慢，我們習慣利用現有的知識理解世界，就算它可能不是那麼有用或正確。與世界有關的認知或事實，即使隨時都有巨大的變化，在我們的心中卻有可能是停滯不停的。

　　2013 年 5 月，瑞典教授羅斯林（Hans Rosling）要求一千名英國人參加一場有關人口成長的測驗。那些問題看起來好像很簡單，例如：

　　根據聯合國專家估計，至 2100 年為止會有多少孩童？現今全球識字——具有讀寫能力的成年人佔有多少比例？現今全球人口整體的平均壽命是多少？

　　如果你也做了那份試卷，你會驚訝地發現自己對於世界的認識比猩猩還少。正如羅斯林所言：「如果我把每個問題的可能答案寫在香蕉上，然後要求動物園的猩猩拿起寫上正確答案的香蕉，牠們只會隨便挑挑而已。」[43]

　　羅斯林發現了一個驚人事實，受過大學教育的民意測驗專家並沒有答得比較好，有時候還比一般民眾更糟，包括他一些大學的教授同事。羅斯林的研究提供了一個關於世界的真相檢驗，其結果顯示，幾乎所有的人都不知道該如何讓世界變得更好。他的研究也透露了我們有多麼依賴已經過時多年或

為什麼思考強者總愛「不知道」？

甚至是數十年的成見。世界變化得如此快速，我們逐漸發現自己所知道或以為知道的事，已經不再適用或是錯誤的。

就拿知識本身快速的發展來說。如果我們想到維薩留斯時代的解剖學，之前說過的那個故事（見第 24 頁），一本關於身體如何運作的書如何能被視為絕對真理長達 1,400 年？

美國科學家庫茨魏爾（Ray Kurzweil）提出，按照目前科學進步的速度，我們在 14 年內進步的比例會和 20 世紀相同，然後接著 7 年內就可達到相同的比例。這比 20 世紀達到的進步快了一千倍。他也預測再過 15 年，網路會包含所有可取得的人類知識。[44] 知識似乎以驚人的速度在擴展。

你會認為知識越擴展，我們知道的越多，顧名思義就是不知道的更少。但這個思維的問題在於它假設整個宇宙的可知事物是固定的。

越難解就越模糊不清 　　　3-2

More Complex, More Ambiguous

　　我們今天在職場和世界面對的挑戰越來越複雜難解。我們遇到難以描述的曖昧問題，更別提要承擔和解決了。這個世界變得更反覆無常、更加不確定、更加難解和模糊不清。這個現象經常以首字母組合字 VUCA 形容：多變（Volatile）、不確定（Uncertain）、難解（Complex）和曖昧（Ambiguous）。這些不是新的概念，但加深了依賴所知事物的危險性。

　　2013 年 4 月，國際貨幣基金會（IMF）在華府總部舉行會議，重新思考經濟政策。諾貝爾獎經濟學獎得主阿克洛夫（George Akerlof）在其演講中將經濟危機比喻成一隻困在樹上的貓，生動描繪了面對經濟領域的複雜難解狀態。

　　他接著描述難解的挑戰是，每個演說家持有其各自的觀點，心中那隻貓的形象各自不同。沒有人具有同樣的看法，但每種看法都很正確，不過可以確定的是：「我們不知道怎麼辦。」[39] 套句會議另一個主持人和諾貝爾獎得主斯蒂格利茨（Joseph Stiglitz）的話：「沒有任何經濟理論足以解釋為何那隻貓還在樹上。」

　　不只是我們當代最偉大的經濟學家都不曉得怎麼處理全球金融危機，「對於未來應該呈現的樣貌也沒有一致的願景。」IMF 的首席經濟學家布蘭查

為什麼思考強者總愛「不知道」？

德（Olivier Blanchard）坦承。[40]

　　經濟學家描述全球經濟事務狀態所使用的語言，和經濟危機來臨之前使用的截然不同。從清楚、明確的訊息，轉為質疑和謹慎說明當前的挑戰。這些揭露了局勢的難解程度和前進道路的不確定性。如布蘭查德所言，「我們透過視覺航行」，而「我們仍然不知道最後的目的地。」[41]

　　知道最後的目的地是種謬論。情況越難解，我們越難知道最後會在哪裡結束，以及結果會變得如何。有太多可變因素，太多不確定性和模糊地帶，以及太多無法預知的事件。

　　如心理學家康納曼（Daniel Kahneman）表示，「現在很多人說，他們知道金融危機即將發生，但其實他們不見得知道。危機發生後，我們告訴自己了解危機發生的原因，並持續保持世界是可以理解的錯覺。其實我們應該接受這個世界大多時候是難以理解的。」[42]

　　計畫和策略在現今的組織生活被視為必備品，但那只會延續一種錯覺，以為可以找到安全帶領我們到達目的地的前進方式。拿著地圖前往大部分未知的疆域，跟沒有地圖並沒什麼不同。

複雜——難解——混亂　　3-3

Complicated – Complex – Chaotic

在 2002 年 2 月的美國國防部新聞簡報中，美國國防部長倫斯斐（Donald Rumsfeld）針對無法證明伊拉克藏有大規模毀滅性武器一事，曾出現以下著名的妙語：

「有已知的已知；有我們知道我們知道的事。有已知的未知；也就是說，有我們目前知道我們不知道的事。但是也有未知的未知——有我們不知道我們不知道的事。」

在枯燥的軍事簡報中，這段哲學性評論顯得非常超現實，以致於變成一種白話風格，還因此贏得 2003 年英國簡明英語組織（Plain English Campaign）的語無倫次獎（Foot in the MouthAward）。同時也意外精準地描述現代社會所面臨的挑戰。

威爾斯學者斯諾登（David Snowden）提出的「庫尼文框架」（The Cynefinframework），談論複雜系統的本質和其固有的不確定性，很適合這裡使用。斯諾登提出四種不同的領域：[45]

斯諾登和其同領域學者布恩（Mary Boone）藉由比較法拉利跑車和巴西

為什麼思考強者總愛「不知道」？

簡單 「已知的已知」領域，特徵為熟悉、確定和經常使用的路徑	**舉例** ・上班走的路徑 ・製作巧克力蛋糕的方法
複雜 「已知的未知」領域，特徵為有次序、可預測和可預報；專家能夠知道的事	**舉例** ・應用現有的會計規則 ・建造一艘超級油輪 ・重建組織
難解 「未知的未知」領域，特徵為變動、不可預測、沒有正確答案、新興指導模式和許多相互衝突的想法	**舉例** ・青少年教養 ・發展新興市場的新產品 ・預測全球經濟 ・後種族隔離時代的和解 ・解決社會弱勢問題
混亂 「不可知的未知」領域，特徵為高動盪性和無模式可循	**舉例** ・2001 年 911 恐怖攻擊事件 ・森林大火

WE LIVE IN VUCA

我們活在 VUCA 狀態

（多變、不確定、難解和曖昧）

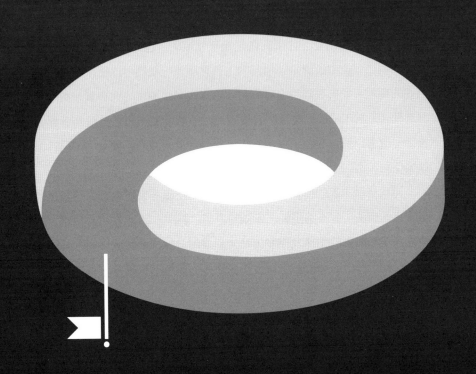

雨林的差異，區分複雜和難解情況的不同。法拉利是複雜的機器，有許多本身是靜態的移動零件。雖然你和我都不可能做到，但只要給予專業技師足夠的時間，他們有能力拆解並重新組裝一輛法拉利。對比之下，雨林並非由靜態的部分形成——樹冠、氣候、動物和昆蟲，以及更廣泛的生態和人類社會系統之間相互作用的持續變化。整體遠比部分相加總和還要更多。法拉利很複雜（有次序、可預測），而雨林很難解（不可預測、突然出現）。46

世界絆住我們的不是「已知的已知」。我們很善於處理已知事物，解決方法也非常顯而易見。如果問題是複雜領域的「已知的未知，」最終能夠找到解決辦法，並由最清楚該情況的人負責解決。我們可以應用專業知識解決已知的問題。如果我們沒有該專業，可以找到該專業的人負責。科學管理之父泰勒（F.W. Taylor）建議，管理者能夠分析問題，將它分解為各部分，然後逐一改善以解決問題。這種將組織視為機器的減法思維，仍常見於流行的比喻用語，例如「組織的這個部分需要修理。」

源自泰勒主義的傳統領導思維和實踐，主張專家可以解決問題和領導者有答案的想法，並不適用於「未知的未知」範圍。20世紀依靠效率、邏輯、快速決策和能力的指揮及控制方法，只適用於解決簡單或複雜的問題。不幸地，這個方法針對難解的情況根本不夠用。難解的挑戰具有意想不到、前後矛盾和難以理解的特色。

光是釐清問題或疑問都很困難了，何況是找到答案。

提到在二次世界大戰期間與俄國的交戰情況時，邱吉爾（Winston Churchill）在1939年的廣播節目中說：

「我無法向你預告蘇聯的行動。這是謎團裡的謎中謎。」

這個說法貼切形容了當時難解、適性的挑戰。

UNKNOWN INCREASES

未知增加

KNOWLEDGE INCREASES

知識增加

處理不當的難題　　　　　　　　3-4

Mishandling Complex

> 「每個難解的問題 都有一個清楚、簡單和錯誤的答案。」
>
> ——美國記者 H.L. 孟肯（HL Mencken）

　　哈佛大學甘迺迪政府學院的適性領導學者林斯基和海菲茲（Ronald Heifetz）認為，將挑戰的難解（所謂「調適性」）元素誤判為複雜（「技術性」），是領導失敗的關鍵點。我們試圖尋找仙丹靈藥；妄想一次性解決問題的簡單答案。

　　我們在日常組織生活的許多面向看到這些「權宜之計」，例如無法得到想要的結果就大幅重組的時下趨勢，抑或汰換組織高層。如同神經學家皮萊（Srini Pillay）所指，面對不確定的恐懼和壓力的情況下，我們的大腦會自動預設以往的做事方式，因為我們受習慣牽制。[47]

　　這方面的最佳例子是組織在事情出現失敗跡象、立即更換其執行長或領導人的現象，通常那些事情根本不在他們能夠控制或他們知識的範圍之內。在《財星》（Fortune）雜誌前 500 大企業中，執行長的平均任期只有 4.6 年；脆弱且短暫，絕對不足以建立長期的組織或文化改變。

為什麼思考強者總愛「不知道」？

應用於難解問題的權宜之計只是暫時性的解決方案，無法徹底解決問題。它們會讓問題持續或是更加嚴重，而且問題會一而再地發生。

史蒂芬：我在美國投資銀行擔任多元與包容部門副總期間，我以身為團隊一份子去負責銀行的重大挑戰——增加資深管理階層的女性人數，這是許多行業面臨的常見挑戰。有些公司單純從技術觀點來因應這個問題。他們提供溝通技巧和塑造個人品牌訓練，或改變招聘過程。但往往忽略不談指向該挑戰適性本質的根本問題，例如影響女人升遷高階職位的廣泛社會障礙，或是確定不同團體對於此議題所持有的價值觀和潛藏假設。

我們開始將這個議題視為難解的適性挑戰。結合更複雜策略的技術方法，例如和學校合作，提升角色選擇多樣化的意識，鼓勵女孩選擇科學技術、數學和工程的考試科目，或是安排工作實習或提供二度就業解決方案，例如針對產假復職員工的培訓。這些策略多數沒有提供立即性的解決之道，反而採取更長遠的做法解決受到早期或重要階段影響的體制性問題。

在難解的情況下，我們無法預測行動的效果，也無法事前完全清楚其結果。

在 1920 年代，美國政府實施國家禁酒令（National Prohibition Act），全面禁止銷售酒精性飲料，試圖杜絕公共生活酗酒的負面認知影響。禁酒的目的除了是降低飲酒量，也要讓眾人認為喝酒是一件壞事。儘管飲酒量在禁酒令期間少了一半，但結果出乎意料地，反而助長了組織犯罪集團的發展和建立了非法製酒行業。組織犯罪集團趁勢利用飲酒仍然盛行的風氣，製造無管制的私釀商品，有時候還引起了健康問題。非法製酒業的成長也刺激了組織犯罪集團其他領域的業務成長，導致貪污和藐視法律的結果。

儘管因為禁酒令之故，非法酒類行業繁榮發展，但是許多小規模的酒類

供應商被迫停業，摧毀了剛起步的葡萄酒產業。飲酒過量的人和酗酒者發現援助團體已經日趨式微，直到 1933 年解禁以後才有足夠的援助。匿名戒酒會（Alcoholics Anonymous）成立於 1935 年。在禁酒令時代以前，社會無法接受女人在公共場合喝酒，但隨著禁酒令結束發現的新自由，女人喝酒變得更普遍，酒吧也同時開放給男人和女人飲酒。

禁酒令正好示範了如何藉由立法試圖解決一個難解的社會問題，以及怎麼發生了許多意想不到、沒那麼正面的後果。此概念由美國社會學家默頓（Robert K Merton）推廣，他認為不顯著的微小變化可能會帶來非計畫中、影響深遠和潛在毀滅性的效果。我們不僅無法預期突發事件，也往往高估我們掌握更多立即性或日常活動的能力。根據哈佛大學心理學家蘭格（Ellen Langer）的說法，我們受困於「控制的錯覺」。[48]

蘭格的研究顯示，我們經常自以為能夠控制得了無法控制的情況。舉例來說，如果我們是駕駛人而非乘客，我們會更有自信不會發生車禍。而且如果牽涉到技巧「提示」，我們往往會表現得好像有主控權。例如賭徒也許會覺得自己贏了賭局是因為自己的技巧純熟，實際上，贏的機率根本一樣，跟技巧無關。蘭格的研究顯示，相信能夠掌控市場的貿易商，實際上會表現得更差。

所以，如果我們無法再依賴已知事物、如果被迫直接面對未知，會發生什麼情況呢？

PART II

The Edge

臨界邊緣

世界的盡頭

循著陽光小徑來到路的盡頭

進入西部海域，明月於背後升起

你站在陸地轉為海洋的地方：如今沒有

可以通往未來的路，只有影子走過的路，

涉水之前先走路，跟隨影子去的地方，

理解阻礙通行的世界別無他法

唯有捨棄來時路。」

——大衛‧懷特 (David Whyte)

4

世界的盡頭

Finisterre

抵達世界的盡頭 4-1

Arriving at Finisterre

　　菲尼斯特雷海角（Cape Finisterre）經常是聖地牙哥朝聖之路（Il Camino）的最後終點，這條知名的朝聖路線，最終目的是前往西班牙聖地亞哥德孔波斯特拉大教堂（the Cathedral of Santiago de Compostela）的聖徒雅各（St James theGreat）聖殿膜拜。朝聖者走了 90 公里長的路抵達海角，其邊界是陡峭的懸崖，直接沒入大西洋（the Atlantic），中古世紀稱為「黑暗大海。」這座壯觀美麗的半島以拉丁文取名為「世界的盡頭」，非常貼切。

　　世界的盡頭是已知的──熟悉的──邊界，而邊界是神秘的地方。它將我們目前的現實、我們感到自在的事物，與陌生、無法解釋、尚未發現和甚至可能無法發現的事物區隔開來。我們背後有帶領我們抵達當下的堅實基礎，也就是知識。我們前方有著未知、神秘的大海，無法預測，也無法掌控。迷霧開始籠罩下來，看不清楚身邊的事物；景物已不再熟悉，沒有路標或地圖可以幫我們引路。

　　在世界地圖尚在描繪中的羅馬時期，空白的區域代表尚未探索的廣大無垠之地，標記著「此有惡龍」的文字，目的在警告探險者潛在的風險和危險。希臘哲學家普魯塔克（Plutarch）在公元一世紀的著作《希臘羅馬名人傳》（The Lives of the Noble Greeksand Romans）裡，生動地描述這個空間：

「如同地理學家……湧入他們地圖上的邊界地帶，那些他們不瞭解的世界各地，在邊緣添加一些筆記，諸如超出此地盡是遍布野獸的沙漠、難以接近的沼澤、塞西亞（Scythian）冰地或是冰凍的海域，在我這篇著作裡，……我很可能會說很遙遠的事，超出此範圍的地方只有天才和小說的存在，唯一的居民是詩人和寓言故事創作者。」

就像那些區域，超過邊界的事物等待我們去發掘。對有些人來說，那可能是沙漠，對其他人來說可能是泥濘的沼澤或冰凍的海洋。這個比喻，每個人想像的心靈畫面，都會根據自己在臨界邊緣的故事和經驗而有所不同。或許是嚴酷荒涼之地、引發強烈情感和反應的陌生領域，或者可能是讓我們感到有點興奮的地方。

世界的盡頭不只是一次性的體驗。我們穿越許多邊界，在此移動過程，我們必須同時面對阻礙和可能性。很多情況下我們必須面對臨界邊緣：所愛的人被診斷出罹患絕症，墜入愛河、開始新工作、應對複雜的挑戰，或是帶領組織進入一個新興市場。它可能表現的形式是崩潰、危機、突然的變化、犯錯或重要事情的失敗。

雖然這種情況以前發生過無數次，我們永遠也無法在那個時刻來臨時做好萬全的準備。每次的臨界邊緣都是新的體驗。離開了我們的舒適圈，我們經歷各種複雜且矛盾的情感：從猶豫不決到躲避逃離、興奮到驚恐、害怕到勇敢和羞恥到脆弱。我們往往無法在處於邊緣時應對得宜。我們狡猾的腦袋想方設法要讓我們留在乾燥的陸地。我們耗盡一生設法攀爬回到路面，錯過了只有在世界盡頭才能獲得的學習。

我們在臨界邊緣的反應——無論我們選擇留在那裡或是轉身逃離——將

決定我們與未知的關係是否為充滿恐懼，或是充滿潛力。臨界邊緣是我們將來與未知關係懸而未決的關鍵點。

年輕的匈牙利經濟學家和社會企業家愛莉絲塔・德門茲斯奇亞（Elitsa Dermendzhiskya），在 2012 年夏天從法國沿著朝聖之路走到了西班牙，身上帶著簡便行李，走了將近一個月。

「六月初的那天，引領我到那條路上的原因是我必須贖罪──知識的罪。做為一名受過訓練的數學家和經濟學家，我相當同意宇宙可以被測量、預測和掌控的概念。這個概念不僅聰明高雅，而且還可以維持其錯誤的安全感，也就是說人只要運用正確的理論，就可以嚮往擁有真理。」

「問題是，我太過在意科學的信條，甚至還想應用在私人生活方面，讓運用成本效益分析取代直覺，實用理論摧毀樂趣和自主性。我的生活變成貧乏、機械化、周全的計畫程序，這種天真想法直到大學畢業以後我才發現它是錯的。經過一段時間我的科學假面被揭穿了，我明白沒有所謂絕對的真理等待被發現；只有我個人的真理得以存在。」

「為了盡可能真實體會朝聖經驗，我奉行了極簡旅行風格：沒有指南、沒有華麗的 GPS 手機應用程式，沒有任何形式的應急設備。無論晨霜、炙陽，綿綿細雨和偶吹的暴風，我都是一身短褲和 T 恤緩緩而行。有幾天我在貧瘠的土地上步履維艱行走了 50 公里，穿著羊毛襪的雙腳都起了水泡。」

「除了走在朝聖之路現實面的不確定，我還有個人層面的不確定。大家談著有關發現自我的意象和神的啟示──過去會讓我皺眉的聲明。我還是很難想像天門大開對我說話的景象，但是因為絕對的沈默和行走，我得到力量聚焦心靈之眼和提高自我意識。我發現自己對於即將知道的事既好奇又害

怕。我的恐懼是其實骨子裡我是一個壞人。」

「在朝聖之路半途、七月一個大熱天我抵達了莫利納塞卡村（Molinaseca）。在村子的最盡頭有兩棟比鄰而立的小旅店，我和其他十幾名的朝聖者走近時發現，大家應該都會在此留宿過夜。第一間屋子由拋光木材建造，全新閃閃發亮，和另一間相去甚遠──骯髒的建築物，屋主像是從恐怖電影場景出現的人物。散亂的頭髮、狂亂的眼睛、缺了一條腿、明顯的一身酒味，加上他的貓老是發出不祥的叫聲──那些都是麻煩的預警。我「知道」危險，但是直覺還是牽引我至第二間旅社投宿。」

「我的感覺超越理性，我住了下來──是那裡唯一的客人，心裡怕得要死，但絲毫沒有動搖。旅店的老闆或許出自感激之情，走進自己的房間拿出一瓶橄欖油，交給我說「僅送給特別嘉賓。」然後我們在戶外一張脆弱的桌子坐下，他告訴我他的人生故事──相愛與快樂婚姻、二十五歲發生的嚴重意外導致殘疾、妻子接下來的背叛、心碎、否認、對上帝的憤怒，以及最後的朝聖之旅和再次發現上帝的故事。那個男人叫亞歷桑戴（Elisande）。我在整個過程中幾乎沒有說半句話，但是等他說完了自己的故事，他跟我說，「你是個好人，愛莉。」」

「當有人問我在朝聖之路發現了什麼，我總是很想回答，「我是個好人。」當然我從未說過。我外出找尋真理，而我認為這個可怕的男人卻將我帶至最靠近真理的地方。」

迴避未知

Avoiding the Unknown

4-2

人類最深的恐懼莫過於接觸未知。他想看見是什麼東西靠近他,並能夠認得或至少歸類。人類不斷想要避免直接接觸任何奇怪的事物。」

作家埃利亞斯・卡內蒂(Elias Canetti)

黛安娜:「我們該從何開始呢?」,我問一家大型非營利機構的領導團隊。頓時二十雙眼睛同時瞪著我。這問題不是禮貌性問句,而是每次展開領導力培訓計畫時我會提出的第一個問題,目的是發現面對高度不確定和錯綜複雜的情況時,大家對於掌權者例如我的附加期望。期望是正常的,但通常會阻礙學習和成長。這個問題雖然看似簡單,但總是把團隊直接逼至臨界點。

「你問我們這個問題?你肯定知道答案啊,你可是計畫負責人。」我沒說什麼,環顧四周。「就從頭開始,」在我前面一名女性譏諷道。

我保持安靜坐著。
「從瞭解目的開始,」另一個人說。
他們開始紛紛提出建議。

「在合理的地方開始。」

「要有議程。不知道接下來幾天要進行的事,要如何開始?」

「我們都清楚目的是什麼嗎?」

「我們何不站起來到處走動,彼此交換一下意見?」

「那很重要嗎?」

「我們要怎麼決定?」在我右邊的男士說。

我繼續保持沈默。

我可以感覺團隊開始顯得不耐煩了。有些人開始在椅子上動來動去,有些人就看著我,等著看我怎麼做。

我什麼都沒做。「你想從我們這得到什麼?」一名年輕女性惱怒地說。

「我更想瞭解你們想從我這得到什麼?」我回答。

我沒有發揮位於房間前方位置的人應有的傳統預期作用,由於沒有清楚的指示和任務,團體迅速不安了起來。

「我覺得很沮喪,不知道目標在哪裡。」

「你為什麼不直接帶我們上路?」

「這裡沒有領導力,沒有方向!」有人抱怨。

在沒有明確的結構下,對話開始變得循環且混亂。

過了一會兒,團隊開始變得沈默。所有的眼睛都盯著我看,等我做些什麼。雖然這情況以前也發生過,但沈默的感覺還真是沈重又難受。我覺得很

想 點什麼，但我保持鎮定。很快空虛又被人填滿了。

　　「這樣對我們這種大型團體是行不通的。我們絕不會協議出一個答案。我們何不分成小組集思廣益，」團隊中一名較資深的人如此建議。此時幾乎聽得到鬆一口氣的嘆息。終於做了點事。更具有組織力的人立即附和這個提議。他們開始搬椅子，然而也有很多人往後退，等著看接下來會發生什麼事。由於團隊沒有共識，什麼事也沒發生。

　　「如果沒有架構可循，我們會無所適從。」
　　「我覺得我們好像在黑暗中摸索。」
　　有人開了一個玩笑，整個團隊哄堂大笑。
　　緊張氣氛獲得片刻緩解，但也只是一下子。
　　「感覺我們好像走錯了路，但我不知道正確的路在哪裡。」

　　我意識到有些人的沮喪程度已經到了另一個層面。有些人開始往椅子後面靠，看起來很空虛或迷惘。少數人開始自己聊起來，我注意到兩個人在看自己的手機。「這真是開會時最糟糕的情況……帶個頭吧！」在我左邊的男性大喊。

　　時間似乎慢了下來。我可以聽見牆上時鐘的滴答聲。
　　現在我時間應該不多了。我站了起來，拿起白板筆開始進行任務匯報。

　　當我們涉足一個新的領域、面臨一個不確定和複雜的任務，難免要面臨能力所及的邊緣。我們能夠藉由變化的氣場瞭解自己瀕臨了邊緣──像是尷尬的笑聲、坐立不安或感覺無趣；如果資料遺漏或持續重複；或是

如果有緊張感、失落感或不知道下一步該怎麼走的時候。[49] 當失衡的情況持續增加，我們自然會縮回已知範圍。為了逃避離開舒適圈所引發的不舒服，我們依賴千錘百鍊的手法組織團隊、設計議程或建立結構。我們寄望那些具有決策作用的人恢復平衡狀態，並且提供我們明確性和安全感，或是我們責怪他們沒有「展現領導力」，或是我們完全逃避目前的情況，找到其他事情讓我們忙碌。

這種逃避未知的背後因素是什麼？

害怕無能　　　　　　　4-3

Fear of Incompetence

「我感受到外表必須看起來很稱職的壓力，同時內心快喘不過氣來，」一名服務於政府機關的高階主管說。「對我而言，得到敬重最重要。我很擔心如果我看起來無法勝任，我會失去人們的尊敬。我會失去信譽。沒有信譽我無法發揮作用。這種害怕看起來無能的感覺，讓我無法全心投入工作。」

無能的感覺一般在瀕臨邊緣時產生。面對知識的不足，我們可能會開始質疑自己的身份、能力、信心、專業度、知識和力量。創投公司 AWS24 執行長尼古拉・加蒂（Nicola Gatti）幾乎畢生都貢獻於電信業。他描述最近他轉至財務部門擔任兼併重組總監，發現自己在專業知識方面嚴重脫節的情形。

「在我首次負責國際性招標的當下，我的直屬上司問我：這次的業務計畫使用多少 WACC ？好，我勉強知道怎麼看業務計畫，但是「WACC」是什麼？我不得不問其中一名合作夥伴：他說 16%，於是我向上司報告這個數字，我還記得這件事。那種感覺真的很難堪！就像你被丟進水裡卻不會游泳：無法用不足的知識管理複雜的標案。

「經過一段時間，我學會了有關企業融資的所有知識，甚至所有招數，但最重要的是，我學會了如何在面對不確定之際掌握局勢，依然取得勝利：我們贏得那次標案和後來幾次招標。」

在那段緊張時期，尼古拉領悟到沒有人能夠成為所有領域的專家。最好的策略必須建立於存在不完美知識的必然。這次教訓就此跟隨他整個職業生涯。

我們對於如果承認不知道可能會發生什麼事存有許多假設，有些理由充分，有些則不然。看起來似乎做不好工作、缺乏專業素養、所知不足確實有其危險。我們可能會因此失去利益、影響力、權威，甚至丟了工作。無法履行責任和目標的後果總在我們背後作祟。在衛生單位任職的一名資深主管解釋：「我很擔心不知道的話就得不到尊重。我希望自己辦事牢靠。大家都知道我辦事牢靠，而且可以迅速得到答案。如果我慢了下來，你知道會怎麼樣嗎？我可能會毀壞建立好的辦事效率名聲。大家都指望我。這風險太高了。」

黛安娜：我早期當律師的時候，常掙扎於無能的感受：每次有人關心地問我「那件案子進行得如何？」時，我都覺得很痛苦。只是天真地提出一個簡單的問題，卻立即引起我所有的不安和懷疑。每次我都很想假裝一切會很好、沒事。但是我突然想起，這是我們都曾經歷過的關口。當下我們也許假裝自己沒事、一切都在掌握之中、快要達到我們預計的目標，或是對於事情的真正（困難）情況和我們的（不好）感受，抱持開放誠實的態度。事實上一切都很糟糕，甚至是非常糟。在那個關口其實我只能透露自己唯一知道的事——其實我不知道！」這演變成一種不斷重複的經驗。我注意到面臨的風險越高，越難承認自己不知道。是什麼原因讓我無法承認自己所困擾的事

呢？是看起來和聽起來無能的恐懼。我堅信透露真實的感覺在某種程度上會讓我變弱和破壞我的現狀。我對工作的無力感，也持續發生在與人的互動和人際關係方面。我越隱瞞不安感受，越覺得自己是個騙子。我把所有權力都交付給外部的「裁判」，讓其根據我工作的進展評估我的價值。

我們害怕未知的一個理由是，我們必須面對自己、自己的脆弱和失敗的可能性。我們畢竟不是絕對可靠的。當我們安心地待在舒適圈裡，處理熟悉的情況和問題，以及有答案的問題，我們覺得能夠全然掌控和行動。我們的角色，不管是正式或非正式，都在保護我們遠離未知，但它們也可能阻礙我們全心投入探索未知。

角色就像是防護衣，我們可以躲在其後逃避「不知道」的弱點。它們具有保護性，因為當大家都在期待我們給一個答案時，我們可以利用它們偽裝我們知道。那很容易，至少在表面上，迫於壓力給一個答案。利用一件不會暴露自己的外衣。我們可以依靠周遭的結構和流程、我們建立的清單和計畫，給予秩序、控制和確定的形象，假以時日這會演變成一種習慣。穿著知識的防護衣變成第二種天性，自然到讓我們忘記了自己穿著防護衣。我們變成了那件外衣，在其中迷失自己。外衣變成了緊身衣。就像沒穿衣服的國王，大家都假裝沒看到。沒有人膽敢說出明顯的事實：國王根本是赤身裸體。這完全無解。我們在面對自己的無能時是如此脆弱無助。

常有人談到在不知道的內在經驗和外在情況兩者間感到衝突，因為感受到必須維持稱職形象的需求。

做了將近 20 年的組織顧問，瑞卡‧恰格麗格布朗（Reka Czegledi-Brown）分享了以下經驗。幾年前她受雇於當地政府的某個單位，負責整合公共衛生部門。雖然她很不願意將自己設定為專家，但客戶堅持她要提供詳細

的專業背景資料。她被告知「因為這個情況很敏感，我們沒辦法承擔有人不知道的後果。」她感受到必須知道和「轉危為安」的巨大壓力。這麼做等於直接把責任算在她頭上，還抒解了客戶「不知道」的焦慮。雖然她確實為這份工作貢獻不少豐富的經驗，但剛開始她發現自己被高度的不確定和懷疑嚇得不知所措。但客戶可不想聽到這樣的事。

　　瑞卡花了好幾個月的時間重新調整客戶的期望。她讓工作成為客戶主要的焦點。「這不是關於我的問題，」她說。「而是在困難的過渡期，真正深入傾聽他們說話，和他們在一起的問題。他們是如此迷惘和「不被看見，」無法完全受認可，那是很痛苦的位置，而我願意加入他們，與他們一起面對是關鍵的一步。我顯示自己的脆弱，而不是披著專業外衣躲在背後。」

　　無能、沒有用處或不足的感覺非常不舒服。承認不知道可能是一種失去力量的經驗，因為那代表失去力量和控制，進而可能萌生強烈的難堪和羞恥感。

　　職場的一般反應：

「我寧可沒有這所有的關注」

「我犯了錯，感覺好想死」

「我沒辦法嘗試，這不是我擅長的」

「如果我是個優秀領導者，就不會發生這種事」

「我應該知道怎麼做的。我出了一些問題」

「我不能讓任何人知道這個錯誤，我的信譽岌岌可危」

「我怎麼會這麼笨？」

　　我們到達臨界邊緣的常見徵兆之一是因為自己的侷限而產生的難堪感

受。我們不想讓自己丟臉或失去大眾的推崇。這種「所有人的目光都在我身上」的經驗可能以一種溫和害羞的形式呈現，最明顯的症狀可能是感到侷促不安。但在相反的一端，我們或許感受到一股嚴厲的內心批評和羞恥感，可能會覺得非常痛苦和孤立。

羞恥是「我做錯了」的感受，不單指行為、還有認同感本身受到了威脅。布朗（Brene Brown）是研究脆弱和羞恥的學者，她定義羞恥為「相信我們有缺陷，因此不值得愛和擁有的強烈痛苦感覺或經驗。」[50] 可以看出羞恥的一個方式是它所引發的孤立感。它阻礙我們自在前進，讓我們遠離人群和讓我們覺得羞恥的情況。羞恥會完全禁止我們想要表達對於該情況的觀點。

內心的批判在臨界邊緣出現；近似符合理性和邏輯的語氣，這種批判質疑我們做事的能力，讓我們裹足不前。

黛安娜：我剛開始接任一家大型社會機構的難民中心管理工作時，內心產生了強烈的自我批判；「內心批判釋放出它的陰影。我聽到它在我腦海裡清楚且宏亮的聲音：『你根本做不到！你怎麼這麼笨，以為自己會成功。你太自以為是了，現在大家都知道你的真面目了。這工作對你來說太難了，你沒有足夠的經驗。別人如此經驗豐富和才華洋溢。他們經過多年的訓練，知道的事比你多太多了。』

「懷疑生了根，以一種令人不安的方式帶來溫暖和保證。我體會過這種感受，當時我開始擔心，而且變得像布娃娃一樣柔軟和懶散。我不想做任何事。我找不到能量。我的思維漂浮在半結冰的破碎海面。我搞不清楚自己在哪裡，或是我應該怎麼辦。我不知道從何開始。那感覺很不知所措。」

世界首屈一指的動機研究學者史丹佛大學德偉克（Carol Dweck）教授想要瞭解為什麼有些人成功，有些人卻不會，她很想知道成功、智力和才能之間是否互有關連性。

在她的著作《心態致勝》（Mindset）中，德偉克發表了一些驚人的研究發現：心態比起能力更是影響成功的關鍵因素。[51] 這是我們告訴自己的自我敘述——關於我們的智力、我們的學習力、我們的個性和我們的天分。它影響我們是否會執著於已知事物，或是能否進入未知發展新技能。

德偉克區別二種基本不同的心態。一種固定的心態是我們相信智力、天分和特質在出生時就已決定。他們是基因的遺傳、文化的陶冶，或是我們被教養的方式。這是一種固定的思維，儘管我們也許能夠逐漸進步，但我們不可能改變太多。相反地，有一種成長心態是我們相信雖然我們有個起點，關乎我們與生俱來的才能、特質和智力，但我們可以經由純粹的練習、規範和堅持更進一步發展、培養我們的特質和提升我們的才能，以達到我們的目標。

史蒂芬：我對數學抱持的態度就是一種固定心態的範例。從小我數學就不好。別人課上得很輕鬆，我卻格外辛苦。我告訴自己：「我就是擅長寫作和人文科目的那種人。我不是數學或科學掛的。有些人就是比別人擅長計算。」這個心態在我 16 歲上高中決定選修這個科目時遭到挑戰。但低分的結果似乎只讓我更相信這個信念。成績不好讓我從此避開需要高運算能力的求職工作，或甚至是學習機會，就算那些機會可能對我未來渴望的工作很有幫助。

成長心態的例子是我第一次和哥哥塞爾溫（Selwyn）打乒乓球的經驗，當時我打得很爛。我們以學校課本替代球網，在廚房餐桌上打球。因為經常

和哥哥，還有比我們強很多的爸爸打球，我的技巧就不斷地精進。18歲時，我的球技已好到足以代表學校參加比賽。

　　無論我們持有的是固定或成長心態，這些對於我們所做的選擇、我們的行為，然後是我們的結果都有顯著的影響。舉例來說，德偉克認為持有固定心態的人，必須不斷證明自己，以及向自己和其他人確認自己的能力。他們會盡力避開未知事物，因為他們相信可能會導致失敗。根據德偉克的說法，每個情況都會被評估為二元結果：「我會成功或失敗？」「我會是贏家還是輸家？」以這種心態，我們迴避不確定是否能勝任的工作。我們可能在第一次嘗試時希望做到毫無瑕疵，而如果我們有不足之處，自然會想要隱瞞。失敗對於擁有固定心態的人來說，可能會導致羞恥感。他們或許也會渴望身邊環繞著可以讓他們看起來不錯的人，而不是那些他們無法比得上的人。固定心態是臨界邊緣的關鍵絆腳石。它會阻礙你嘗試新事物和進行實驗的意願。

瀕臨臨界邊緣的反應 　　　　　　4-4

Reactions at the edge

　　有時候我們很難知道自己處於臨界邊緣。難解的問題不會是貼上標籤送上門來的包裹，讓我們能夠很容易辨認出來。我們在臨界邊緣的反應方式，會給予我們線索，告知我們何時要進入未知。

　　我們有很多逃避未知的方法。我們遇到不懂的事情時，或是面對無法預期或不明朗的事情時，我們趨向於控制、變得被動和退縮、拚命分析、依靠災難性思考（我們假設每件事都會變成最嚴重的情況）、魯莽行動、開始忙碌或運用快速解決辦法。我們會將這個經驗邊緣化，因為它太讓人不安。這些是自然、幾乎無意識的做法，為了解決我們面臨邊緣時不適的感受——我們回到人類原始生存本能狀態的結果。然而，這樣做產生的問題是，我們正好在可以藉由擁抱未知獲得真正好處時卻避開了未知。我們的逃避或許能經常讓我們免於處於未知邊緣，但最終它也阻礙了我們的學習。

　　常見的內在反應：[52]

「我的胃都糾結在一塊了」
「好像有東西壓迫我的腦袋，等著要爆開來」
「我的心跳飛快」

「我覺得有點暈」

「我開始冒汗」

「我的嘴變得很乾，聲音開始破裂」

「我咯咯傻笑，好像有點喝醉的感覺」

「我變得很煩躁，坐也坐不住」

職場時有耳聞的一般說法：

「我覺得我沒有東西可支持我了。失去合約是我們團隊重大的損失。」

「公司被收購造成了這樣的變化，這就好像地球在一夕之間有了變動。大家今天所表現的行為跟昨天截然不同」

「這就像在黑暗中摸索」

「自從沒工作以後，我覺得一切好像都停止運作了」

「每天這裡都有變化。今天發起一項措施，明天又有新的取代。一切感覺很不穩定。

「剛開始新的職位，感覺很混亂。一切都沒把握」

比丘尼老師丘卓（Pema Chodron）描述邊緣經驗為「懸空狀態（groundlessness）。」彷彿腳下的地毯被抽離。沒有穩固的東西可以依靠，我們會失去方向感、疑惑，甚至恐慌或驚嚇。

實習心理治療師施洛特貝克（Alex Schlotterbeck）描述她自己在工作轉換期間的種種心情。

「我從一個工作要換到另一個工作，因為不知道從哪裡籌錢繳下個月的房

IS THE EDGE OF THE KNOWN

頭是已知的邊緣

貸內心很著急。我產生不確定的焦慮感。不知道接下來會怎麼樣、好幾次陷入憂鬱的時候，我開始進行悲觀的預測。確定情緒低落還比較安心，總比不知道的好。我開始無法忍受不知道，於是藉由急忙快速離開的方式試圖掌控我的人生。」

控制

完全掌控、行動力、自主和控制的感覺非常重要，並且與我們的幸福感息息相關。

神經學家洛可的研究顯示，當員工失去控制和行動力時，他們會隨之產生不確定感，進而提高壓力指數。相反地，覺得比較自主會增加確定感和減少壓力。[53]

先前引述心理學家蘭格的「控制的錯覺」研究（請看 81 頁），提出我們相信可以控制或影響結果的傾向，會因為壓力和競爭環境增強。當事情正在變化，而且變得更加難以預測時，壓力指數提升，我們更覺得受到環境的擺佈。這時候我們就會試圖提高我們的控制感，減輕我們的無力感。控制以防衛姿態出現，是不知道的解藥；為了掌握確定性，我們可能會感覺自己變得緊繃或封閉。或者，我們可能運用更多的力量，變得更好發施令和獨裁。我們針對這些情況所使用的語言變的十分貼切：我們「加強控制」或是「緊守不放。」

常見反應：

「我為了想出答案，開始給自己施加更多壓力」

「我變得對團隊非常不耐煩」

「我立即接手掌管」

「我不計一切代價避免不舒服」

「我將感覺訴諸理性管理」

「我快窒息了」

「我太失控了」

「我完全無法控制那次會議」

「我即將偏離軌道」

丘卓說，有一種傾向是「爭取安全感……並獲得部分基礎。」她稱這個為「牽絆（Shenpa）」，是藏語附著的意思。

丘卓說 Shenpa 擁有一種「內心特質，關於抓住，或反之推離……當我們對於正在發生的事感到不安時，就是那種卡住的感覺、緊繃、封閉或退縮的體驗。」[54]

當壓力來臨，我們的預設立場會透過日常程序和熟悉的結構和規則來施加控制。組織建立人為架構給予控制的錯覺。摩托羅拉（Motorola）的六大標準差（Six Sigma）管理策略，是一套改善生產流程的技術和工具。雖然針對簡單或複雜（已知的未知）的問題很有效果，但很多商業問題是難解的（未知的未知）。這是一種錯覺，以為我們只要針對未知的未知採用一般的商業做法，就可以在商業和「防錯誤」措施方面，獲得穩定和可預測的結果。這項新產品可行嗎？顧客品味和偏好轉移至哪個方向？什麼不可預知的力量會影響著我們？

負面狀態和自我攻擊常見反應：

為什麼思考強者總愛「不知道」？

「我變得過於遷就，同意任何建議事項」

「我變得真的很安靜和退縮」

「我不知道問什麼問題」

「如果我不是百分百肯定，我通常會保持沈默，尤其在沒有資訊佐證的時候」

「我期待上司做些事情。怎麼說那也是他的職責」

「我失去自信」

「我的大腦感覺好像在睡眠狀態」

「我可能會責怪自己和他人」

當我們面對懸空感，其中一個預備反應是擺脫我們的感覺，然後利用擔憂或憂鬱自我隔離。問題似乎非常嚴重，我們不知道怎麼辦或怎麼解決。我們往往希望逃離那個讓人害怕的地方，這是人類的自然反應。不舒服的感受和反應加在一起力量強大，致使我們容易掉入絕望的感覺。

分析癱瘓常見反應：

「我們必須組成會議討論此事」

「我們沒有足夠的資料幫助我們做決定」

「沒找到更多資料以前，我不會就此結束」

「在我們開始推出產品前，我想先看 XX 顧問公司下個月出來的報告」

我們為了逃避面對難解問題，經常試圖分析和收集資料。我們誤以為難解的原因在於知識不足。只要我們多讀一點、多研究一下、多做好自己的工作，我們就能找到答案。這種思維的挑戰是，我們處理的難解問題可能很難定義，更遑論解決，我們可能永遠無法找到事情的真相。我們永遠知道得不

夠，或無法變得有足夠能力解決問題。這麼做的風險是等到完成分析時，那個問題的形式已經改變、變得太根深蒂固，或不再純粹是問題而已，徒然讓所有規劃顯得多餘。

過度分析可能是拖延和逃避行動的方式，因為那是解決問題最舒服、熟悉的方式。然而 AWS24 公司的執行長加蒂發現：「最好以不足的知識繼續進行，根據你的能力和本能，而不是等待知識。即使你可能會在這快速變化的世界錯過一些有價值的機會，那樣反而更好。」

災難性思維

災難性思維是誇張問題的結果，並預設可能出錯的「最糟情境。」我們非但不喜歡這種體驗，我們還相信自己無法處理或做任何改變。

常見反應：

「我永遠無法擺脫這種情況」
「我弄錯了，現在一切都完了」
「他們會知道我有多笨，我會失去別人對我的信任」
「如果我沒拿到這份合約，公司會倒閉」
「我已經完全失去理智。無法清晰思考。我真是沒用」
「明天上班我要怎麼見人？我寧可死了算了！」

管理顧問羅蘭（Karen Loren）[55] 形容有一段時期她感覺很不充實，找尋著可能重燃她熱情的東西：

「陷入關於未來的思考裡，我不斷徘徊於急著找工作和不知道自己要什麼的驚慌感當中。絕望和驚慌迅速佔滿我的思緒，我的內心一直隱隱作痛。我的想像力因為恐懼而無限擴大。我想像涉足全新領域，最後因為一切錯得離譜而變得無家可歸。我幻想到了退休時候，我還是無法想通這一切。」

貿然行動

常見反應：

「為了控制不知道的焦慮，我們投入自己所有相關的知識和專業」
「我們不斷想出一個又一個的計畫，執行一個又一個的任務，好像無頭蒼蠅」
「沒有一套確實可行的任務，我們來來回回開會的意義在哪裡？」
「我們陷入專家的未知洞穴裡，拼死拆解問題」
「我沒時間考慮問題。我們來這是要把事情做好，而且要快」

做決定也許保證了立即的滿足。做完決定後立即出現的解脫感，可能就像吃到一塊糖的感覺。剛開始我們可能精神振奮，但最終我們可能會陷入比剛開始更「低落」的情緒。很多工作場合都很難忍受不確定性，所以我們運用「三十秒迅速評價。」我們時時將問題訴諸理性分析，並利用膚淺的答案減輕不知道的不安感。因為太害怕出現不稱職的可能狀況，我們屈服於採取行動的壓力。一位保險業的人資主管說明：

「我依賴過度思考減輕不知道的壓力。我必須在自己的專業領域看起來很有能力。我被預期知道，我也預期有答案。我甚至變得很不耐煩、匆匆忙忙

下決定、執著於結果。」

抗拒心態

抗拒的感覺如何？

「我可以感覺到它在身體裡」

「我會頭痛，像被老虎鉗夾住，緊緊壓在頭上的力道」

「有重物壓在胸口，讓我無法呼吸」

「我覺得被一股壓力牽制，被禁錮的感覺」

「這是我自己的制約信念」

「我覺得被卡住了。越掙扎就卡得越緊」

「對我而言，這就像在橫渡污濁水域或厚重的淤泥」

「這就像走進了死胡同」

反抗是當下的擺脫，通常是針對改變和與改變有關的損失所做的反應。有可能是針對不高興或負面的事情、我們害怕或不喜歡的事情，或是太困難而無法明白的事情。我們反抗的時候，都希望事情會因此有所改變。

作家尼可・威廉斯（Nick Williams）離開了看似擁有一切的成功企業生涯，因為他覺得若有所失。20 幾歲開始陸續在三家公司工作了九年以後，他有一股想離開的衝動，想要開創他自己的事業。那時代還沒有網路、社交媒體、慢活思維和多職能工作組合的概念。

「如果我做了，感覺會像脫離熟悉的世界邊緣，在辛苦工作多年得到如

此地位以後，我會自毀前程、讓大家失望。我害怕會變得不受歡迎。我一向都照章行事、做好本分和執行我認為應該做的事。但那樣並沒有讓我感到快樂。」

尼可回想起近十年後，他簽下第一本書的合約成為作家以後，是他內心抗拒得最激烈的時刻。從小他就意識到寫作是他天生要走的路，那是本能的一部分。然而在三十八歲當時，他一本書都還沒寫出來。

1997 年的夏天，他一直構思著有關發現並從事「你生來要做的事」的主題。他開始針對這個主題舉辦研討會和演講，而出書似乎是自然而然的後續步驟。他決定寄提案給英國六大出版社，結果令人驚喜的是有一家出版商要求與他會面。尼可很高興自己採取了行動，但內心深處的他其實並不相信自己會成功。他聽過太多揉掉退稿信的故事，更慘的是還有人連個回音也沒有。

1998 年 9 月 1 日那天，有封信從信箱掉落到地毯上。尼克記得撿起來時看到信封上出版社的商標。突然間他充滿了被退稿的強烈恐懼感。他飛快打開信，想趕快一了百了。他想要確認自己不夠好，然後以反常的方式恭喜自己至少嘗試過。他打開信的時候驚愕不已。上面寫著：「恭喜您，我們很高興和您簽訂出版合約。」「有一會兒我興奮得說不出話來。但是接著抗拒心態浮現了出來，我稱它為「恐龍」。很多想法例如『你在搞什麼鬼！？你不會寫書，還讓別人相信你可以寫，簡直是胡來，』『誰會讀你寫的東西，最後肯定會滯銷。』我甚至認為自己『我不能寫，萬一寫得不好，還浪費紙。』這些是我抗拒時的強烈聲音。」改變總會伴隨損失。我們千方百計想避免損失，就算那代表獲得某些我們渴望已久的事物。「不知道」在臨界邊緣會變得更讓人恐懼，因為我們不知道即將要踏入什麼，以及隨之要失去什麼。

THE ILLUSION OF

CONTROL

控制的錯覺

跨越邊界的呼喚   4-5

The Call to Cross the Edge

你曾意識過內心深處浮現的某種東西，一種不滿於現狀的緩慢轟隆聲嗎？那正是可以戰勝逃避心態、督促我們跟隨未知的力量。美國神秘學家坎貝爾（Joseph Campbell）描述這種渴望的感覺叫做「呼喚」，那是我們領悟到生活已經不能再一成不變的時刻。不管我們喜不喜歡，都必須面對改變的開始、跨越邊界進入未知。

來自倫敦的輔導員阿布迪・夏比（Aboodi Shabi）聽到了這聲改變的「呼喚」，覺得自己不能再忽視或抗拒它。幾年前，在倫敦市中心過了幾年快樂時光以後，他開始發現自己正在失去某些東西——幾年前被他置之腦後的英國西南部（West Country）的寧靜與和平。剛開始，他只是認定這是心甘情願的妥協結果。住在倫敦中心地帶，以各方面來說都很值得，因此他對於必須支付的花費已有心理準備。但是只要他待在鄉村的時候，他都會體會到渴望和思念自然的痛楚。過了好一陣子他才有辦法把這些痛苦先擺在一邊，繼續過著正常生活。

不過事情在某年的春天有了變化，他去義大利參加靜修，擁有真正聆聽的時間和空間，在義大利鄉間休息並浸染春天的美麗氣息、每天享受溫暖的日光浴、聆聽鳥叫蟲鳴、在森林漫步。傍晚時分，在生好的營火邊看書，他

開始領悟自己不能再忽視這個呼喚了。

「我立刻浮現一連串問題。我怎能離開倫敦？我要去哪裡？我要怎樣開始改變？我的思緒就在這幾個地方流連。我試圖想出「解決方案」並掙扎於不確定感和不會有容易答案的知識。然而，我不想完全靠自己想出所有答案，於是我打電話給倫敦的朋友討論自己的兩難。他的建議很有挑戰性：『它不是靠你想出答案的──你無法掌握生命開展的方式。』」

阿布迪回到了倫敦，心情既興奮又擔憂。他現在意識到自己不會照以前的方式過生活了。就算沒事發生，他也已經進入了過渡期。他試圖執行朋友的建議，每次試圖臆測該怎麼做、或者擔心要如何與自己內心感覺相反的部分和解時，他僅是靜坐、散散步，或騎腳踏車。他有個特別有用的發現，那就是雖然他不知道道路會如何開展，但他會在 10 或 15 年後知道答案。因此當下之際，他決定讓自己享受這種發現需要知道什麼的過程。儘管這樣子不見得會讓情況好轉，但確實會引發好奇和驚喜的感受，伴隨經歷中的不確定感和混亂。

將近二年後，阿布迪在這段旅途中找到了暫時的休憩站。他賣了倫敦市中心的公寓，搬到北倫敦寧靜郊區的樹林附近租屋。

「某方面來說，生活比以前更不穩定。新的挑戰接踵而至。我的工作正有所變化，一方面是因為我發現自己不想像以前一樣到處出差。我的房東明年會回來，我得再次搬家而房地產價格正在飆漲。但是在所有不穩定的當下，我逐漸意識到自己變得更加穩定。我可以和不知道和平共處。我養成間歇性靜坐修行的日常習慣。多半時間在我家附近樹林散步或跑步。我開始定期參

加瑜珈課程。我還是一點都不知道要怎麼做，但這些練習支持著我在未知的道路上能夠保持鎮定行走。」

當我們開始意識到自己在邊緣的預設反應，我們可以故意選擇擺脫它們並培養新的技巧和能力——在邊緣遊走的自覺方法。就像奧林匹克的運動員，我們必須勤加練習這些方法，以便確定當緊張情緒和不舒服的感受侵襲我們的時候，我們不會恢復壞習慣，而是對於鋪展在眼前的機會抱持開放的態度。

黛安娜：在我辭掉工作以前，我感覺到內心一陣緊張，一方面告訴我「小心處理，後退一步」，但另一方面，好奇心又催促著我往前走。「我很好奇轉角處有什麼東西？我應該繼續走嗎？緊張顯而易見……如果我超越了最初、自動產生的恐懼反應，如果我忍過不適、痛苦和糾結的腸胃，當我從邊緣往下看進深淵，我可以感受到一種邀請、溫和的召喚、一種輕微推往未知的力量。如果我允許這些感覺進駐，我會找到興奮感。那是探索家冒險前進未知、非地圖領域時可能的感受——又愛又怕的複雜心情。是理智與情感之間的拔河戰。一種全身感官全面參與的活著感受。」

我們已經走了這麼遠。可以準備下一段旅程了嗎？——在邊界遊走並把腳趾伸進未知的不明水域。或許還可以冒險進入我們先前還未探索的地方……可能性和學習就在不遠處等著我們。

正如詩人懷特用那首詩「世界的盡頭」鼓勵我們：

「……丟掉帶您來到岸邊的鞋子，不是因為你放棄了，而是因為現在，你會找到不同的行走方式，而且因為歷經了一切，部分的你不管如何，依然能夠在海浪上繼續行走。」

Chapter

5

黑暗之光

Darkness
Illuminates

DARKNESS IS YOUR CANDLE

黑暗是燭光

魯米‧波斯和蘇菲派神秘主義詩人

重新建構「不知道」 5-1

A Reframing of Not Knowing

　　我們剛開始跟大家分享「不知道」的寫作構思時，得到的回應多數傾向負面：

　　「不知道事情有什麼好的？」

　　「我看不出無知有任何好處」

　　「我寧可瞭解人，也總比不瞭解得好」

　　「不知道表示我很脆弱，太天真可能會被騙」

　　「我幹嘛要看起來很無知、在別人面前像個小丑？」

　　「我已經夠迷惘了，為何還想要更迷惘？」

　　結論是如果知道是好的，那麼反之則是壞的。這對多數人來說，只是簡單的邏輯問題。但是我們使用不知道這個詞，說的不是看待這三個字的一般觀點，而是用來描述某件事「不」是什麼而是什麼的古老「否定傳統」。依此精神，我們讓不知道有別於缺乏知識（不然就叫無知），並且不同於可以發現的部分知識。

　　常見的當代比喻是將知識聯想為光明，而不知道代表黑暗。「我處在黑

為什麼思考強者總愛「不知道」？

暗中」的用詞正好是個例子。弔詭的是，「不知道」時常會帶領你學習和求得新知識。正如自然和生物學的現象，「不知道」可能會促成無形的成長，如同子宮裡的胚胎或是深埋土裡的種子。

我們想要認為不容易看得到的狀況就代表沒事，然而黑暗中轉變正在進行。我們偏向賦予看得見、比喻為光明的事物更多價值，然而大自然呈現的是白晝與黑夜的完美平衡。承認我們不知道，我們才會有所學習。不知道的黑暗創造了追求新光明的自由和空間。

在著作《側視的藝術》（The Art of Looking Sideways）中，弗萊徹（Alan Fletcher）將空間的概念形容為「物質」，而不是虛無。他列舉了許多藝術家的例子，說明他們如何透過創造藝術空間呈現藝術作品。舉例來說，塞尚（Cezanne）的繪畫和空間造型塑造、賈克梅蒂（Giacometti）以「拿掉空間的脂肪」手法做雕塑、理查森（Ralph Richardson）表演時運用停頓動作，而史坦（Isaac Stern）用沈默創作樂章。[56] 同樣地，不知道的知識缺乏是充滿無限潛能的「負面」空間。

問題是「正面」知識很可能會排擠掉「負面」不知道空間的表現機會。維薩留斯年代的眾人無法承認蓋倫或許不知道所有解剖學必須知道的事。長達一千四百年的信念，排斥提問、採取新的觀察角度，從而學習新事物和創造新知識的可能性。二次波灣戰爭第一階段出兵伊拉克以後，前美國總統布希在「任務達成」的聲明中所隱含的「知識」，排除了沒有（達成）的可能性。其「率直」的領導作風非常明確，沒有任何質疑空間。然而懷疑更容易採取學習作法，進而讓盟軍以開放態度思考進入伊拉克的最好做法，而非認定武裝部隊也許是解決辦法。2008 年全球金融危機爆發以前，一般認為所有重要的商業人士和政治家都非常瞭解經濟狀況，他們有能力擬定合理的對策並慎重考量其投資風險。前財政部長和前英國首相布朗（Gordon

Brown）早先自信地宣告「經濟暴起暴落即將結束。」後來被證實為極大的錯誤。

這裡我們談的不是我們可能知道或者我們應該知道的情況。不知道不代表我們把已知的一切丟到一邊。藉由進入不知道的領域，我們走入不受現有知識束縛的空間。不知道是進入情況的方式，在此處前進的道路是不可知的，或是處理沒有答案的難解問題。不知道是積極的過程，對於新機會和學習持開放態度的選擇。與複雜、含糊不清和矛盾相處與互動的方式。這個觀點挑戰了不知道的負面意涵，也重新建構不知道為潛能和機會的正面空間，於此我們可以獲得新穎、意外的知識。

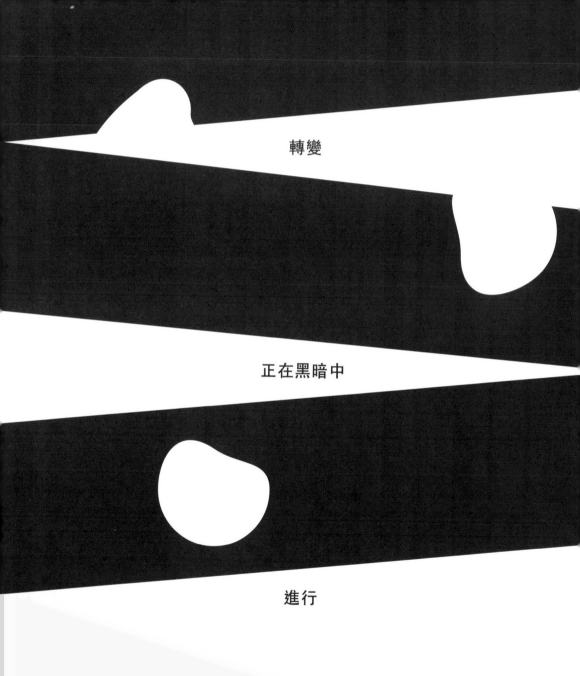

轉變

正在黑暗中

進行

從未知居民身上可以學到什麼？　5-2

What Can We Learn From
the Inhabitants of The Unknown?

　　位於澳洲墨爾本市柯林斯和史瓦斯騰街的交叉路口，有一座氣勢宏偉的雕像立於華岡石之上。

　　雕像底部刻印的文字如下：

羅勃·歐哈拉·伯克和威廉斯·約翰·威爾斯

維多利亞探險隊領隊

首次橫跨南北陸地

於歸途中逝世

歿於澳洲中部庫珀河，一八六一年六月

　　伯克（Robert O'Hara Burke）站在坐著的威爾斯左邊，手臂環繞在他的肩上。威爾斯（William John Wills）腿上放著一本打開的書。雕像在 1865 年 4 月 21 日揭幕，是探險隊不幸結束的四年以後。

　　伯克和威爾斯的事蹟是勝利的故事，因為探險隊成功抵達位於澳洲北部海岸的卡本特利灣（the Gulf of Carpentaria）——長達三千公里的旅程。但這也是災難的故事，因為沿途中喪失了許多性命。伯克和威爾斯最多只能返

回至庫珀河（Cooper's creek），還不及回墨爾本途中的三分之一路程，他們餓死在空曠的補給營區。

許多歷史學家經常自問，伯克和威爾斯怎麼可能餓死？他們身邊盡是叢林野食（或是澳洲所謂的「叢林風味餐」）、澳洲內地原住民取用的豐富天然食物資源。[57] 如克拉克（Ian Clark）在其著作《伯克和威爾斯的原住民故事：被遺忘的敘事評論》（The Aboriginal Story of Burke and Wills: Forgotten Narrative）的看法，歐洲人正在衰退，而原住民正在茁壯。[58] 書中提出問題的答案在於伯克的態度。他不太尊重、甚至近於鄙視原住民和他們擁有的土地知識。過去其他探險家都會聘請原住民追蹤師，這次探險會失敗，就是因為沒有原住民作為嚮導。探險家無法、或不願意深入接觸那片土地上生活的當地居民，最後自取滅亡。

伯克留下其中一名隊員布拉赫（William Brahe）負責庫珀河的補給站，而且還命令他不要讓任何原住民靠近補給站。從卡本特利灣折返的四個月以後，伯克、威爾斯和金（King）只差幾小時就能見到布拉赫；那天稍早他放棄等待並拋下了營區。

克拉克認為，如果布拉赫能夠和住在庫珀河數千年的仰竹忘達人（Yandruwandha）建立良好關係，他們就會通知他伯克和其隊員即將返回的消息。同樣地，如果伯克不排斥和族人接觸，族人可能會進一步傳達訊息給布拉赫，跟他說探險隊要回來了。[59]

探險隊在庫珀河的時候，不信任仰竹忘達人給予的友誼和殷勤招待。在威爾斯的日記裡，他描述部落「各方面都很小氣和卑鄙，」雖然探險隊完全依賴原住民提供的食物。不甘願接受他們的慷慨幫助，威爾斯寫道：「我想最後我們得像黑人一樣生活個幾個月。」

英國上議院自由民主黨員阿德狄斯公爵（Lord Alderdice）是探險隊唯

Chapter 5: Darkness Illuminates

一生還者金的後代，他說金很尊重原住民對於土地的知識，和非常輕視他們的伯克不同。[60] 伯克開槍驅逐了帶來食物並要求回報一塊布的人。

後來據說伯克無理拒絕別人給他的魚。過了一陣子，仰竹忘達人不再幫那些人帶食物了，最後還離開了那裡。沒有那些援助者，探險隊很難找到當地一種蘋屬植物（nardoo）種子，那是原住民用來製作糕點的水生蕨類植物。因為他們找錯了地方——他們誤以為那種植物長在樹上。一找到了種子他們就直接生吃，不知道種子如果沒處理好是有毒的（它會讓人體的維生素B1逐漸流失，最後死於營養不良）。

由於營養不良的結果，伯克最後在庫珀河岸動也動不了。他要求金在他手上放一把槍並交代不用埋葬他，當天後來他就死了。金徒然尋找著仰竹忘達人的蹤跡，等他返回營地時，他發現威爾斯已經死了。金埋葬他以後，再次出發找尋仰竹忘達人，最後終於找到了他們。阿德狄斯公爵表示，金生存的唯一理由就是他對原住民的興趣和對其土地知識的尊重。金和族人生活了二個多月，直到墨爾本的搜救隊在 1861 年 9 月 15 日找到他。

此事最大的諷刺是，伯克和威爾斯既然展現了驚人的毅力和勇氣，成為橫跨澳洲大陸的第一批白人，但他們卻無法敞開心胸接受未知和難以信任的知識來源，進而導致死亡。他們無法從未知的居民身上學習；無法想像這些居民擁有的知識比他們還多。他們不信任那些人。如果他們對於未知的新知識持有不同的態度，就可以存活下來了。

歷史上許多來自不同領域的人試圖理解未知。發生在世界各地的故事，描述了不知道概念如何被接受、甚至擁抱，和視為成功的重要驅動力。不知道是許多領域的核心，從藝術創作到心理治療的行為變化、科學的新發現、冒險探索新疆域和企業家的創造新價值皆是。在各自領域的經營者，將不知道視為創造力和可能性源頭的方式，對於我們這些還在努力學習的人，非常

具有啟發性。

我們不要「伯克和威爾斯式做法。」讓我們保持開放心態，探索這些多樣的經驗和觀點。無論我們是否已來過未知之地，或是第一次嘗試，讓我們向這個地方的居民學習──那些「詩人和寓言故事創作者，」一如希臘哲學家普魯塔克所言。在接下來的章節中，我們會認識幾位。

藝術家——天使與惡魔之間的空間　　5-3

The Artist – The Space Between Angels And Demons

「我們應享有與生俱來的權利 那是行於中道、開放的心靈 能夠優遊於矛盾和混亂之中。」

——佩瑪・丘卓

　　藝術家非常適應邊緣的生活。他們居住在介於兩者的創作空間。在形容為摧毀自我之後，這個空間看起來似乎是開放的。

　　美國畫家、插畫家、短篇小說家和教育家馬歇爾・艾瑞斯曼（Marshall Arisman）出生於 1937 年，報章雜誌從《時代》（Time）雜誌至《瓊斯夫人》（Mother Jones）等經常出現他的報導。他的永久收藏品展示於史密森尼學會和美國藝術博物館。其中最為人所知的形象是艾力斯（Bret Easton Ellis）小說著作《美國殺人魔》（American Psycho）的代表性封面，該封面描繪的是主角貝特曼（Patrick Bateman）的半人半魔形象。

　　馬歇爾透露，他的創作過程近 50 年來維持不變。每天早上起床、穿好衣服進工作室。「帶我去那裡的是我的自我。我在空白畫布前想著『我要畫

為什麼思考強者總愛「不知道」？

出前所未有的好作品。』我忘記了我的自我不能作畫，但它確實帶領我到了工作室！在空白畫布前，我的自我不知道怎麼做，所以我開始畫畫。」

創作繪畫的過程總是由某個東西開始，一般是一張照片。他把照片立起來，想著「我要畫這隻青蛙。」可是畫到一半，如果那隻青蛙看起來像一頭豬，他會讓它保持原狀。他從不曉得會畫到哪。事實上，他認為自己最好的畫作，都是他盡量少控制的作品。

「20 分鐘以後我發現我的畫作不是很好。我開始跟自己爭辯：『這畫得不好』，『你應該馬上停手放棄』，『你絕對畫不出來』。這種內心的爭論大致持續 20 分鐘，有時候還長達二個小時，直到他承認「這幅畫真的很糟！」

馬歇爾解釋，這是當下他的自我開始稍微後退的時候。

「在這種毀滅的中途某處，是可以作畫的部分的我，並且它只在我確定自我所做的事沒有用時，才會激發能量。那裡有一點點空間，但不會持續太久，也許只有 15 分鐘吧，但那是不夠的。我只能透過摧毀自我達到這個空間。」

對馬歇爾而言，經由此過程的創作並非來自於他，而是「經過」他。「當有人跟我說『我很喜歡你的畫作，』我會回答『我不在那裡』。畫家羅斯科（Mark Rothko）也曾間接提及自己是一個管道。能量穿透了他。我珍惜這個空間。我沈迷於此。現在我 75 歲了，我的自我不留戀於畫作，而是喜歡再次尋找那個空間。但是我絕對不能待在那裡。」

放過自我，是馬歇爾在紐約視覺藝術學院教學課程中的重點部分。他先要求學生站起來說自己的故事，一定要是真實故事並附上照片。一開始他們

非常不自在，說故事的方式很不自然，站在全班面前很害羞。接著他花二至三個星期的時間，要他們重新說那個故事，最後再帶著狗面具再說一次那個故事。學生終於能夠擺脫自我，在說故事的當下重生。「他們更接近它了，」他說「在那個時間點我們會得到好故事。」

馬歇爾回想起他的祖母，她是知名的靈媒和巫師。

「她在中間地帶生活，而我大半的童年時光都在靈媒身邊度過。她對我說『你必須在人生中學會站在天使和惡魔之間的空間。天使是帶著嘻笑的魅力和誘惑，惡魔有趣但危險。』就我目前的學習來說，我正好在中間地帶工作。我在牆的另一邊有天使的畫作，另一邊有惡魔的畫作。我想這個不知道空間是「介於兩者之間的『人類』空間。」

ADVENTURING INTO THE UNKNOWN

前進未知的冒險

探索家──一次征服一座山　　5-4
The Explorer – One Mountain at a Time

「我們要征服的不是山，而是我們自己。」

　　　　──登山者艾德蒙・希拉里爵士（Mountaineer Sir Edmund Hillar）

　　艾杜娜・帕莎本（Edurne Pasaban）是首位登頂全球十四座八千公尺山峰的女登山家。她的經驗讓我們更深入瞭解前往未知領域冒險所面對的所有挑戰。

　　艾杜娜成長於西班牙巴斯克地區風景如畫的小鎮托洛薩（Tolosa）。在青少年時期她愛上了高山，登上她第一座高峰，白朗峰（Mont Blanc），當時她 15 歲。到 16 歲為止，她已經攀登過安地斯山脈（the Andes）的幾座高峰，包括厄瓜多（Ecuador）境內 6,310 公尺高的欽博拉索山（Mount Chimborazo）。

　　「在這個年紀，其他女孩喜歡和男生玩在一起的時候，我一心只想登山。我加入由一群經驗比我豐富的登山者組成的小隊。他們對我非常有耐性，也

為什麼思考強者總愛「不知道」？

給予我許多指導。這種早期的啟蒙很重要，幫助我建立了自信。」

2001 年，她首次遠征喜瑪拉雅山脈（the Himalaya）即在聖母峰（the Everest）登頂。回家以後，她父親對他下最後通牒：選擇家族事業或是投入登山，她不能兩件事都做。所以她選擇了登山。

攀登了聖母峰之後，艾杜娜開始每年爬一、兩座八千公尺高山。重點是，她開始這個任務的時候，並沒想過自己能夠登上所有高山。

「每一座都需要全心投入和堅強體能，即使是純粹好玩想想，對我來說都是不可思議的事。直到我完成了九座八千公尺以後，我才認為也許有可能完成所有的登頂，因為我可以看到終點。」相對於成功的常見做法，艾杜娜不以「目的地」做為開始。最後的成就隨著她一路前進時才顯露出來。

艾杜娜的登山旅程並非一直很順利。在 2004 年，她登頂 K2 山，這座公認全世界最危險的山，但她因為凍瘡截去了二根腳趾，性命幾乎不保。她在登山隊和攜帶氧氣的夏爾巴人（Sherpa）幫助下安全下山。對探險家來說，在未知中存活的唯一方式是經由別人的支援。

然而，失去腳趾不是艾杜娜人生最痛苦的時期。而是發生在離開高山以後。

「我回家時已經 32 歲，所有的朋友都結婚了，過著和我截然不同的人生。我問自己許多問題——我的人生在做什麼，我應該繼續爬山和四處探訪未知，還是過著正常生活和當個母親……我長時間陷入憂鬱，在醫院躺了四個月，覺得很不安，認為我討厭我的人生。」

艾杜娜的家人、朋友和登山隊的人幫助她度過了那段時期。他們讓她想起自己最快樂的時刻——登山或是待在登山基地。

　　「他們幫我再次確認，雖然我走的道路和他們不同，但我在自己的路上很快樂。他們鼓勵我再試一次。所以一年後我組織了另一支遠征隊伍，矢志完成 14 座山的登頂。在未知中最艱難的時刻是失去持續的動力，所以如果有瞭解你的人，會讓日子比較好過。」

　　登山者必須能夠注意聆聽身體和心靈的聲音，而不只是大腦的聲音。在 2001 年，艾杜娜和義大利隊伍再差二百公尺就要抵達山頂，但她心中不祥的預感一直揮之不去——她說不上來是什麼，但她就是覺得不對。即便她即將完成登頂，她選擇聽從自己的直覺，做出困難的決定，走下山去。回程途中她經過二名西班牙隊友，他們試著說服她跟他們再走上去。因為她很注意自己當下的感覺並做好了決定，她拒絕了他們。後來她發現其中一名西班牙登山者正好在她感覺很不好的地方丟了性命。「當你的直覺發出聲音，你必須聆聽，」艾杜娜建議。

　　艾杜娜認為，涉足未知時，沿途中慶祝達到里程碑和小成就非常重要——就算最後結果可能在好幾年以後。

　　「找出那些重要時刻；它們都是重要的階段。確定你沒有貶抑你的成就。和幫助你到達那裡的人一起慶祝。我相信我們都只有一個人生。沒有人可以給我第二個。」

心理治療師——未察覺的方法 5-5

The Psychotherapist – The Way of Unknowing

「丟棄你的記憶；丟棄我們渴望的未來；兩個都忘掉，包括你知道和你想要的，留給新想法空間。」

——精神分析師威爾弗雷德·比昂（Wilfred Bion）

　　西方神學和哲學有個久遠的傳統，認為不知道是「未察覺的方式。」這個觀念在心理治療和靈性領域之間的對話最為顯著。彼得·泰勒博士（Dr Peter Tyler）是倫敦特威克納姆鎮（Twickenham）聖瑪莉大學的牧神學和靈學的助理教授及神學的資深講師，對他而言，這個觀念直接影響他從事綜合性心理治療師的牧師工作。

　　彼得引用奧地利哲學家維根斯坦（Ludwig Wittgenstein）的話，他提到我們的語言不斷在提及超越語言、但無法掌握的東西。「語言和交談，維根斯坦指出，是所說和沒說，或是所說和所見之間的精準安排。我們的智力只夠掌握一半的複雜因素。要表現完整的現實，已知和未知——所說和所見——都必須呈現。」

　　對彼得而言，心理治療師的工作是最好的例證。無論病患何時進入診間，他都得面臨一個選擇：訴諸他的學習和訓練，或是試著和患者一起

進入未察覺領域。這個方法和英國心理分析師比昂如出一轍，比昂形容這種挑戰：

「和病人在診間時，我們必須敢於靜止、沉默。很難想像那感覺有多麼恐怖，但確實是如此。要保持沈默、讓病人有機會暢所欲言很不容易。這對病人來說也很恐怖——病人很不喜歡如此。我們一直有壓力要說些什麼、要承認我們是醫師，或心理分析師或社會工作者、要提供某個盒子讓我們可以被貼好標籤放進去。」[61]

彼得注意到比昂對於心理治療師的建議，要丟棄記憶和渴望，並有勇氣和虛心進入「未察覺的空間。」這地方需要放下記憶、掌控需求和「所有吵雜及不安定的心」，必須為了別人存在。對彼得而言，這代表聆聽當下和病人帶來此時此刻會面的東西。如他所言，有時會帶來驚人的轉折：

「驚喜的可能是浮現腦海的想法、影像或甚至聲調，或是實際上油然而生的感覺或情緒。在療程開始之前，我總是迅速做一次自我掃瞄或自我檢驗，確定自己情緒、身體和心理的狀態。十次有九次，在會診期間如果出現新奇或驚訝的感覺、想法、實際感受或情緒，我可以很肯定因為在場的那位病人的影響。呈現的形式可能是頭部或肩膀的緊繃、生氣、害怕或倦怠的感覺，甚至是已經很久沒有想到的一個畫面或驚人的回憶。」

彼得承認這是心理學家所謂的「移情和反移情作用。」藉由練習呈現這些未察覺的感覺，感受和思維可以達到最放鬆的狀態，所以治療師更能夠做好準備，以比較清醒的方式與患者做出區隔並一起合作。

「我必須說，做了將近 20 年的練習以後，這是經驗對我們最有幫助的領域。」

如彼得所言，未察覺的路徑並不等於無知。在中古時代被稱為「愚蠢的智慧（stultasapientia）」的方式，相當於「所學到的無知」或「傻瓜智慧。」我們必須訓練專業技巧、無論我們是商業主管、醫師、護士、心理分析師或老師，但我們必須學習知道何時該保持沈默──何時讓自我的需求安靜下來，讓未知的顯示因素自己顯露出來。彼得說這種何時該說和何時該保持安靜的藝術，會大幅改善我們的人際溝通。「在一個充斥資訊、錯誤的「知道」和「專家」狹隘意見的世界，我會說「學習無知」的時代回來了⋯⋯不只在高度重視和推展的貿易、交易和商業世界。」

科學家——脫離常軌的自由　　5-6

The Scientist – Freedom to Deviate

> 「科學家必須相信不確定，找到神秘難解的樂趣，學習養成懷疑習慣。 搞砸實驗是最好的確認方式，而不是確定實驗結果。」
>
> ——神經學家斯圖爾特・法爾斯坦（Stuart Firestein）

科學方法中的開放性探究（open inquiry）和實驗法是參與未知最直接的方式。不知道對於形成假設、進行實驗和取得新發現有關鍵性的影響。牛津大學生物科學資深研究員漢斯・霍普（Hans Hoppe）思考不知道在科學過程中的作用。

「那天是 2010 年秋天的星期二下午，我發現電腦螢幕上呈現的數據透露一件讓人氣惱的事：依然一無所獲。根據目前該領域的思維，根本不可能瞭解這幾個星期我所看到的東西。」

漢斯進行了所有重要理論中可能的排列方式，嘗試解釋眼前的資料。他希望將數據帶進目前所知蛋白質如何增進功能的背景知識，但沒有任何假設

具有意義。漢斯正在研究細胞表面受體出現全新功能的理由，這是進化中突然出現的功能。由於這不是簡單的變化，漢斯覺得很困惑。他想知道這變化背後還有什麼意義，以及全新功能進化的原因。

　　他大可忽略這個特性，將它視為非自己專業領域的觀察數據，並繼續進行研究。但是由於該分子太重要了，加上他很期待取得新奇的發現，實在無法置之不理。在此階段，他的研究工作已經進行超過五年，由三大洲的 16 位科學家組成的小組描述其發現結果。「我還是卡在為什麼會如此的問題，唯一做到的是從『還沒有答案』，進展至『目前蛋白質研究領域中沒有可能答案』。情況很讓人沮喪。」

　　漢斯形容這個時期同時又感到一股莫名的興奮。一方面他發現以自己目前的知識技能來看，所知確實有限，但提前意識到未知，讓他體會到能夠探索新鮮事物的自由。懷著這種心態，漢斯得以完全調整他的參考架構，最終得到其專業領域的重要發現。漢斯反思其過程，形容不知道在科學裡發揮的作用：

　　「有時研究未知科學的最顯著特性是瞭解它從何開始。但我們通常不這麼想。相反地，我們專注於「我們的知識到哪裡結束。」這反應很自然，畢竟只有憑藉自己詳盡的知識和經驗，才能得到新的觀察。一般來說，這等於是為了證實已知理論，使用『填空』方式解決未知。」

　　他建議當理論稍做調整無法有所進展時，就有必要跳脫我們的理解範圍，美國物理學家庫恩（Thomas Kuhn）稱此現象為「典範轉移」（paradigm shift）。

Chapter 5: Darkness Illuminates

漢斯指出，新的見解需要新的思維，因此需要適當跳脫個人的某些限制，不管是物質或心靈方面。他認為，心靈的束縛更難以發現而置之不理，尤其在剛好確信可能會首先促成新觀察的時候。「如同之前提過的演化研究，這通常是一種領悟，當舊觀念不再適用時，延伸所選的知識架構並無法得到釋放心靈和發現新觀念的有效做法。這是逐漸培養自由感受或是取得冒險資格的過程。」

　　漢斯提出，放掉已知事物，以及擁抱之前認為奇怪、因而沒有探索的想法，是科學過程中發揮最大作用的個人決定，這超越了填補漏洞的習慣行為。「新的知識擴展架構被人接受、未知疆界被重新規劃以後，進入未知的『填空』研究循環會繼續下去。至少要等到另一個觀察變成了我們目前知識的障礙，激發我們放棄已知、冒險前進的新機會產生時才會停止。」

　　當科學被歸類於取得知識，自由脫離假設很容易被視為不必要的延遲和分心，科學研究因此被降格為實用性追求。為了超越目前可預知的應用方式、促進真正的科學進展，強調橫向思考或是『跳脫框架』的個人自由會大有幫助，因為此舉會鼓勵個人冒險前往集體的未知。

企業家——發現下一個契機　　5-7
The Entrepreneur – Discovering What's Next

「不同於支領固定薪資、從事一般文書工作的人 企業家讓人讚嘆的特質在於不知道。 我們承擔風險，我們失敗，我們不知道會發生什麼事，我們不只把腳趾放進未知的水域……我們是一頭栽進去。」

——作家里歐・巴保塔（Leo Babauta）

西班牙馬德里的 IE 商學院企業管理教授約瑟夫・皮斯特魯伊（Joseph Pistrui）表示，不知道是參與「當下」的方法，藉以掌握其呈現的機會。

約瑟夫指出，高層人士發現他們面對的情況已經越來越無法用自己的經驗解決，他們必須採取全新的做法。處理不明朗的狀況時，他們必須更能夠「感覺」（sense）眼前呈現的情勢，而不是單憑過去的經驗「了解」（know）狀況。

「保留所知部分，並讓不知道的部分變成今日全球領導和管理的重要關鍵架構。」約瑟夫認為，持有這種態度的管理階層，在當下能夠經營地更有效率，也更容易找到新的機會。

企業家精神，指的是處理不明確和未知的方式。「我看到了過渡期；商業上一切按照「計畫」發展的管理觀點，轉移至以「問題」為核心的觀點。現在不再偏重計畫，而是更重視理解可能是未知或是無法得知的問題！」對約瑟夫來說，將高度的不確定和未知事物，透過真憑實據轉換為更知道的過程，就是企業家精神。「當心態發生那樣的轉移，未知就被解放了。和別人一起運作這個過程會激發多樣的思維，並留給突發的問題諸如「可能是什麼？」一點空間。傳統的管理方法無法發揮這項能力，」他說明。

約瑟夫發現不知道的威力驚人。他認為沒有具體起點的時候，凡事都有可能。為此他建立了「察覺下一步」的觀念，資深主管可以用這個觀念來處理不知道，他們還因此能夠更安心地參與未知事物。「多數組織都擁有清楚明確的決策過程階段，然而其初始階段，設計師所謂的『模糊前端』——我稱為『曖昧搗亂』——時期，可能讓人難以承受。在這樣的早期階段，主管人員必須提出自己的看法供大家討論。覺察下一步的過程是有條理的做法，主管階層可以藉由分享見解和建立事物新意義表達自己。」

在約瑟夫的著作中，他從改變的數據模式、意外發現和不可預知的事情中，看出許多干擾的形式。他建議，在此時的挑戰，不是將立即浮上腦海的想法視為必然，而是要當作假設測試，不能立刻認定為事實。他幫助主管人員更瞭解「如當下所呈現」的情況，和他們一起偵測早期的變化。只有深入瞭解當下，他們才更有可能培養出「推測預感」（presumptive hunches），進而得到深入見解，幫助他們繼續往前發展。

他認為，人人都有責任參與感受組織的未來變化，因為深入見解可能來自各個地方和各個層面。「成功的組織和其團隊必能欣然接受和參與不知道，進而發現他們未來的競爭優勢。」

這些有關藝術、科學、探險、心理治療和企業家的不同故事告訴我們，

不知道的意義重大，而且不只在歷史上獲得證實，日常活動中也時有所聞。但是如果承認了不知道的價值，我們要如何培養這種處世方式呢？請至下一章揭曉。

PART III

"Negative" Capabilities

「負面」能力

詩人濟慈（Keats）在 1817 年 12 月 21 日寫信給弟弟喬治和湯姆斯。當時他一直公開反對另一位偉大的英國詩人柯立茲（Coleridge）。他認為柯立茲太執著於追求絕對的知識和解釋自然界的神秘現象。濟慈非常好奇創意人才所需的心理狀態，特別在文學方面。有別於柯立茲，他很讚賞莎士比亞的特質，認為他「有能力處於不確定、神秘、疑惑的狀態，不汲汲於追究事實和理由」[62]，他稱該能力為「負面能力」先前提過的人物故事都足以體現這種能力。

負面能力的概念威力強大，因為它點出給予內心培養新思維空間的需求。這種概念去除了現存知識、陳腔濫調或既定的假設。此外，它也呈現出一種矛盾——創造空間（去除內心已經存在的東西）是一種能力。這是一種技巧，部分人擁有的能力，但這種能力可以培養。發展負面能力需要正面能量、專注和能力——但它不會自動發生。

一世紀以後，英國學者法蘭奇（Robert French）和辛普森（Peter Simpson）將負面能力的觀念引進經營和管理領域。他們提出，唯有結合積極能力如知識、技巧和能力，和負面能力如沉默、耐性、懷疑和謙卑，我們才能開創臨界邊緣的學習和創造空間。[63]

他們提出「組織領導者必須重視當下的未知、創新見解，進而朝向『自身無知的邊緣』[64]，『建立或維持其競爭優勢，並且確保組織能夠從競爭和市場供需作用中脫穎而出，或是確實滿足客戶的需求。』[65]

雖然各行各業看過不少例子指出不知道是其成功的關鍵要素，但我們要如何在期望知道或做出明確決策的情況下，使用不知道呢？在這些趨於「知識膜拜」的領域裡，有哪些能力需要置換呢？接下來的章節，我們從不知道為成功要件的行業中擷取精髓，然後將它應用在不知道被視為一種負面條件的領域。這些章節以未知為目標，我們把重點純粹放在未知情況下生存和茁壯成長所需的「負面」能力，因為職場上這些能力經常被忽視。

不過如果我們只是丟給你如何到達未知的地圖，這會違背本書的精神。就算你有了地圖，到時候還是得把它扔在懸崖邊。不知道是無法按圖索驥；那是只能體會的狀態，對你而言，那是獨一無二的體會。

我們本著探索和發現的精神完成這些章節。希望這個想法能夠幫助你意識到不知道的可能性，因此成為陪伴你旅途的有用指引。我們將負面能力集結成四種不同的標題，分別是「清空杯子」、「閉上眼睛觀看」、「黑暗中縱身一跳」和「優游於未知天地。」

6

清空杯子

Empty Your Cup

新　　　手　　　的

可　　能　　　性

很　　多

但

專家就

很少

取材自日本僧侶和禪師鈴木俊隆（Shunryu Suzuki）著作

禪者的初心 　　　　　　6-1

Beginner's Mind

　　一名年輕主管因為對自己的能力信心十足，加上進入公司一年內就升到了副總經理的位置，他決定和公司的常務董事預約會面，請問他如何提升未來的成就。他非常想盡快再獲得升遷。

　　常務董事歡迎他進辦公室，遞給他一杯咖啡。年輕主管接了咖啡以後，立即開始描述自己的豐功偉業，以及對於經營的所知所見。他想讓人刮目相看。等他拿起杯子要補充咖啡時，常務董事不斷把咖啡倒進杯子，讓它溢出來開始濺到地毯上。

　　年輕主管大吃一驚地問：「你在做什麼？我杯子都滿了，你為何要一直倒下去？」常務董事回答：「既然你的杯子已經滿了，你在這次會面中無法學到什麼。」

　　禪修的世界強調不知道，有時候稱為「初心。」專家也許認為他們非常瞭解一門學科，但卻無法看見被先入為主的想法蒙蔽的可能性。相對而言，新手則帶著新奇、無偏見的眼睛觀察事情。實踐初心，即培養認識生活的能力，但不會死守既定的想法、詮釋或判斷。

　　如果內心充滿了自己的想法，我們學不到什麼新東西，也無法反應在那真實的當下所呈現的現實。這意思不是要排斥我們的經驗和智慧，而是不讓

為什麼思考強者總愛「不知道」？

它阻擋我們以全新觀點看待事物。

　　我們越是成功，越想要相信我們已經知道怎麼做。每種計畫、每個問題都是不同的，所以處理新的挑戰，我們要設想以前從未經歷過，所以應用已知確定的解決方案會導致錯誤發生。舉例而言，有些大型顧問公司有時候讓人感覺習慣把所有問題套進現有的模式。這符合成本效益，因為公司已經投資不少時間開發獨有的作法，可以適當應用至許多千奇百怪的客戶問題。一名同僚記得有一回和美國企業界非常知名的資深主管開會。他花了很多時間告訴她自己的生活有多麼有趣，接著又說：「你知道，我看透了一切。我在這行很久了，沒有什麼事情我沒經歷過的。」她很震驚於他的無知。「說他看透了一切根本是胡說八道。就算他參與過 100 次併購案，第 101 次絕不是將之前 99 次的其中一次拿來剪下複製這麼簡單而已。」

　　在 2012 年的世界新秀會議中，尤努（Mohammad Yunnus）談到他創立鄉村銀行（Grameen Bank）的做法。鄉村銀行如今是贏得諾貝爾獎的微型組織和社區發展銀行。尤努說，發生在他身上最好的事就是他對於銀行業務完全一無所知。事實上，如果他對於銀行業務有些瞭解，他就不會在一開始進行微型貸款項目。[66]「不知道某些事，有時候是種福氣。你的心態開放，你可以按照自己的方式做事，不需要擔心規則和程序。〔……〕每次我需要規則或程序時，我必須看看傳統銀行怎麼做，而一旦瞭解了他們的做法，我會朝相反方式進行。傳統銀行找的是有錢人，我找的是窮人。傳統銀行的對象是男人，我的是女人。傳統銀行是有錢人的，鄉村銀行是屬於窮人的。我可以試試看，反正我什麼都不知道。」他給年輕企業家的建議是：「不要害怕你不知道某些事，不要覺得你必須很聰明才能做某些事，像我們這麼笨的人可以做某些事，而且會成功。」[67]

　　倫敦政經學院經濟學創新實驗室（the London School of Economics

Innovation Lab）副董事和沙坑網絡（Sandbox Network）共同創辦人克里斯汀・布許（Christian Busch）表示，現代的小額信貸、行動銀行和小額儲蓄皆是迷人有趣的創舉，它們之前在沒有任何真正基礎建設的背景下建立而成。所以沒有必要瞭解制度；沒有「事情怎麼做」的既定觀念。對克里斯汀來說，這些例子說明了「不知道心態」是如何能夠激發創新，不用背負歷史包袱或是依賴現行做法。

克里斯汀指出，近期許多有趣的革新都來自資源有限的環境，不是沒有產品／服務／經營模式的先存概念，就是先存概念太難取得（例如成本因素），以致於只好邊緣化處理。他拿肯亞的行動銀行為例，這種將通話時數轉給親友的過程，建立了有別於傳統銀行服務的取代方案。

「在很難找到銀行，或很少人能夠在銀行存錢的國家，我們不見得要設限於思考如何設計一台比較方便的自動取款機。而是要從不同的角度面對挑戰：1）我們有行動電話；2）我們有需要轉移的價值（首先是通話，接著是金錢）；2）我們建立金錢交易平台，讓許多體制的銀行業務變得多餘。無論「不知道」或是「無法找到，」這些革新來自先決條件（例如制度）無法利用或取得的環境。」

1990 年代英國的雷迪森布魯酒店（Radisson Blu Hotels）（原名雷迪森安德華）做出了重大決策，撤走所有酒店的總經理，讓他們在所有連鎖酒店中負責不同領域的業務，例如餐飲或客房服務。每二、三年他們都有機會轉換專業跑道，再次成為新手。如此一來，他們可以一方面在業務的新領域運用自己的知識，同時帶來新的展望，又可尋找看似獨立的專業彼此間的關連性。

據說武術界的合氣道創始人植芝盛平（Morihei Ueshiba），曾在 85 歲過世前提出要求，希望配戴最低段數級別的白色帶子入土。元老級合氣道大師選擇指導合氣道的基本原則，那是有意識地選擇安居於「新手」的空間。同樣的道理，我們也可以將這份初心成為一種有意識的選擇，開放全新學習和成長的空間。

不知心態

「不知心態」是東方傳統的核心觀念。它單純指出不要預先判斷情況。在武術裡指的是，不要因為知道對手而假定我們會輸或贏。不管他們看似比我們強或弱，我們先置之不理，保持開放心態。「一切皆有可能」是最佳的立場，而不是預期我們會贏，結果發現自己被摔倒在地。

就競爭策略而言，單憑組織看似規模太小、勢單力薄或產品太弱，並無法讓我們預先判斷誰是競爭市場的贏家。以這個角度來看，我們必須有所對策，讓我們組織面對的競爭者既有贏家立場也有輸家立場。商業人士極可能比較習慣依賴別人給予競爭對手輸贏的分析。然而「不知心態」，或者我們叫它為「不知策略」，同時承認其輸贏的可能。這種想法包容了兩種可能性，同時可掌握兩者的利益和風險。不會排除競爭者可能會打擊或甚至摧毀公司的業務。但也承認一種可能性，即我們的競爭者或許根本不值得我們注意。

為什麼思考強者總愛「不知道」？

開放心靈

全新學習

由控制轉為信任 6-2

From Control to Trust

> 「相信別人，他們會真誠以待；全心對待他們，他們會展現最好的一面。」
> ——美國文學家拉爾夫・沃爾多・愛默生（Ralph Waldo Emerson）

　　如果你丟掉組織圖、拋開角色和責任，讓大家自行決定薪水、工時和休假，會發生怎麼事？如果你創造了信任而非控制的空間會怎麼樣？Energeticos 總經理彼得・金（Peter King）正好採用了這種做法。該公司隸屬於蘇格蘭 Wood Group 旗下的工程公司，位於南美哥倫比亞。在 2004 年虧損，但到了 2012 年，公司由 60 個員工，成長至 1,050 人，年營業額由 400 萬美元增加至 5,600 萬美元。不只在財務上利潤可觀，員工也個個朝氣蓬勃。

　　這種轉型成功的部分關鍵因素是擺脫由上對下的控制，允許員工自己作主領導和決定。這關係到必須拋開人無法被信任的成見，相信如果人被賦予自主權、目標和責任，就會產生真誠的動機做好工作。

　　彼得在 2003 年 6 月接任總經理的職務，這對他言是全新的角色。他回憶道：「我記得走進辦公室時緊張地渾身僵硬，但我明白那是正常的，需要

時間適應。」

　　彼得剛進 Energetico 時，公司幾乎沒有賺錢，2004 年還虧損了 30 萬美元。對一家僅有 60 名員工的小公司來說，那是筆不小的損失。公司在 Wood Group 一家子公司的資助之下，幸運地存活下來。但彼得認為單純橫衝直撞是不行的。情況需要徹底的改變。當時他剛好讀過巴西執行長賽姆勒（Ricardo Semler）的書《做個特立獨行的人》（Maverick），裡面提到他為了授權員工採取激進做法，因而改造了公司。他讀了以後感覺「這正是企業應該有的面貌。」企業應該建立在信任的基礎上。

　　「起了一大早，我在 6 點 45 分進辦公室開始寫自己的公司「手冊。」我一直寫到 9 點才完成。這只是一本小手冊，幾頁的 5x3 吋紙張，不是長篇大論。帶著緊張又期待的心情，我把那份手冊發給員工。我沒經過總公司的允許就做了這件事。」

　　彼得在 Energeticos 推動的改變，其重點是他相信人可以因為信任和責任感做好事情。「我記得蘇格蘭亞伯丁的秘書幫我打了一封信，拿給我簽名。我說『謝謝』以後簽了名，看都沒看一眼。她嚇了一跳，問我『你不看一下嗎？』『不用了，』我說。後來她又拿來另一封信，我還是沒看就簽了名。如果你沒注意別人，那他們知道你沒注意他們，他們就會更意識到自己要把工作做好。」

　　Energeticos 開始向員工公布所有事情，甚至是主管薪資。這讓他們驚訝了一陣子，久而久之這變成了常理。彼得也讓員工負責決定自己應得的薪水。2011 年他們有 70 位製程工程師，當時都很不滿意自己的薪資。他們被告知預算是多少、工資的財務狀況完全透明化，以及 Energeticos 競爭同業

中同樣職位的薪資基準比較。彼得要求他們自己組織起來，想出他們自己的分級標準制度和薪資。他們確實做到了。這是很艱難的工作，需要他們花很多時間進行，但他們回報了優良的分級制度和非常具有競爭力的薪資。

彼得反思：「當我要求大家負責，我也承諾會遵從他們所制訂的一切。即便我不同意或認為那很愚蠢。信守承諾和表達真正的信任才是重點。如果我們坦承以對，他們絕不可能想出愚蠢的做法。這些時刻讓我對人類增加了許多信心。當我們被賦予信任和責任時，我們不知不覺會使盡全力。」

Energeticos 公司裡五六十歲的工程師傳授自己的豐富經驗，在指導年輕員工方面發揮了很大的作用。他們備受愛戴，年輕的工程師族群會尋求他們的支持與建議。他們還建立了 Energeticos 學院，每天早上 7 點到 9 點分享其想法和經驗。沒有額外支薪；這純粹出自一股學習的熱情。管理部門因為看到布告欄告示，在三個月以後才知道這件事。彼得想起當時真是心滿意足，看到他們不需要上對下的推動就可以做好自我管理。

彼得也擺脫了既定的封建制度。組織根據計畫分成小組，根據不同專長分配小組領導者。Energeticos 甚至沒有組織圖；因為已經沒有必要了。彼得找到其他更有創意的方式組織他們。

他解釋如何幫員工創造空間，讓他們找到自己的作用，一個適合他們的空間，而不是給他們職務說明的一種已安排好的空間：

「角色和責任只有在你擁有時變得重要。當我們找到好的徵聘人選，我們會給他三個月時間在公司裡到處晃晃，然後請他們告訴我們自己想做哪些事。很多公司太早希望幫員工貼好標籤和分派職務。最後有人負責商務廣告那塊，

有人變成專案工程主管，有人負責檔案管理，有人是 IT 主管。二名負責茶水的女士最後負責採購工作。我們看的是人，而不是職務，而且有彈性。」

擁有以信任為基礎的文化，不代表不需要做困難的決定。公司有一段時間無法獲得足夠的利潤，必須裁掉一些員工。「我們堅守原則，召集主管和10 人小組坐下來開會，跟他們坦誠公開公司當時的處境。所有員工都知道我們在做什麼，並感謝我們給予他們二至三星期的時間尋找別的工作機會，而不是在某個星期五下午告知他們失業了。那些離開的人成為首選的復職名單。我們懷著敬意，就像對商業夥伴一般地對待他們。」

「不知道思考的是其他的工作和做事方式。很多人挖掘創意。我的創意不是一種短暫性的探索，我對追求創意這件事充滿熱情，」彼得說。這個哲學是他領導風格的特徵。

彼得協助 Energeticos 員工管理因為公司改變而產生的不安定、給予他們決策自由，並授權讓他們對自己的業務負責。他願意放棄掌控並相信人的能力，因而創造了一種文化，其中人人能夠面對自己的挑戰，而非訴諸高層，依賴他們解決問題。

倫敦西敏寺商學院（Westminster Business School）的商管教授胡碧克（Vlatka Hlupic）專精於研究組織從傳統、命令和掌控的作法轉移至合作的模式。[68] 她發現員工被賦予自由，能夠根據自己的興趣於小組中自我組織並實驗創意時，他們不只會更投入或更自動表現，同時也對組織的盈虧有重大的影響。弔詭的是，放棄了控制和權力反而創造了加強力量的條件，因為解決了更多事情、實現了更多成就。

彼得故事的收穫是「調整速度」的概念。他沒有一下子放棄所有的控制，那樣員工可能會感受到太多的不確定。他逐漸將控制轉為信任，讓員工適應承擔更多的責任。

　　我們參與不知道的能力，跟我們是否願意放棄掌控並投入當下有關。難題是要評估自己的弱點就如同我們會重視自己的專長。這並非來自虛無時空，而是來自謙卑之地；明白唯有承認專業的限制，超越我們所知的邊緣，我們才能擁有可能性。

CONTRUST

灵 信 任

堅定目標和價值 6-3

Hold on to Purpose and Values

「有生存理由的人 能忍受任何生存方式。」

——哲學家弗里德里希·尼采（Friedrich Nietzsche）

建築和工程公司 AE Works 的執行長暨創辦人麥克·切洛客（Michael Cherock），有一天震驚地發現他的公司快倒了。更慘的是沒人知道怎麼回事，包括那些他聘請的資深專業人士。

「所有事情在 2012 年 6 月 4 日停擺了。當月的第一個星期一，通常進行類似結算的財務活動。五年前我在自家地下室創立 AE Works，這間日趨成長的公司是我的得意之作。」

早上九點，我坐進擁擠的會議室開始檢討單月的財務，突然間我湧起一股不安的心情。隨著下個排定的會議開始，我暫時放下逐漸增加的煩惱和問題，因為那是重要的會議，要決定新辦公室資金，二個月後我們就要搬進去了。

「做會議總結時，我回頭看資料。我為了籌建新辦公室製造的新債務還是讓我覺得很不安。因為迫切想找到答案，我看著資料，希望能瞭解帳務的來龍去脈。我翻到最後合計的地方，絕望地低下頭。我一直有感覺但希望沒有發生的事情，快要變成真實了。公司根本入不敷出。」

　　麥克開始思考公司岌岌可危的財務狀況，他求助其核心人士，公司的業務經理、資深副執行長（SVP）和會計師，這些人他都認識好幾年了。每個人擁有傑出的專業素養，在該行業的內部作業方面累積了數十年的經驗和見解。麥克信任他們，並相信他們彼此分享共同的未來願景。

　　麥克剛開始向業務經理提問，尋找明確答案。結果他似乎不知道公司為何處於這種情況，更嚴重的是，他不明白為什麼要擔心這個問題。麥克的焦慮日漸增加，他接著打給公司裡除了他以外最資深的人，資深副執行長暨銷售主管。他發現說明情況時，副執行長不太知道企業的業務端生產哪些東西。當對話透露了公司的進帳日趨減少，因為投資新機會而增加更多負債時，他才聽出對方語氣帶著擔心。為了新業務進行所投入的新進人力和資源太過龐大且所費不貲。這樣如無底洞般的繼續下去只意味著一件事——公司很快就要轉向無法償付債務的境地。

　　「依照現在似乎快要瓦解的情況，我想我離死期不遠了。我向會計師透露這個情況，他說快速分析的結果是，目前看似很強大的公司，其實快要瀕臨破產。我不敢相信自己所聽到的，事情為什麼會變成這樣？等我深入觀察他對我們業務的瞭解狀況以後，我隨即領悟到原來他對交易的細節所知甚少。我累積的壓力變成了怒氣。我的公司遭受重擊，但沒人知道原因。我聘請他們來管理公司，他們卻沒把事情做好。我快氣炸了。那時候

我所相信的一切都在身旁瓦解。」

時鐘指向下午五點。還是在同一間開始一天活動的會議室，麥克沈默不語。這是頭一回，這家他成立了五年的公司瀕臨垮臺的危險。

「我辛勤的工作、投注的時間和財務風險只得到了失敗的下場。想到很可能會發生這樣的結果，我不禁掉淚。家人、朋友、客戶和員工抱持的希望——所有相信我並加入我一起開創新事業的人——現在因為管理不善都要化為烏有。想到他們對我的失望，我覺得很難受。那些思維中，最讓我崩潰的是，我似乎不知道公司出了什麼問題。」

麥克感到前所未有的無助與脆弱。但在他最絕望的時刻，他還是對於自己的目標和價值很有信心。這些價值引導他一生的決定，促成他創立公司，進而影響別人的人生。他明白雖然他對當下所知甚少，這些價值的明確性卻帶給他安全感。畢竟很多人就是因為這些共享價值觀，才會冒著大風險加入他的新公司。他相信這個共有的信仰系統其實才是最大的潛力。

「當我們為了創造機會和扭轉公司命運，彼此學會了分享脆弱和信任，這些價值對我們的工作更有意義。2012 年 6 月 4 日，不是印證著我們的災難，而是展現前所未有的學習機會！因為緊接而來的新工作、支援我們工作的新辦公室和共同價值觀，我們得以平復由我製造出來的混亂。」

接下來幾個月，麥克努力擬定明確的願景和集體信仰系統。事情變得很難決定，他必須結束關係，並大幅改造原有的結構和體系。

「今天，公司建立起獎勵開放溝通為首要資產的文化，這種文化建立彼此和團隊的信任感，支持價值導向的決策，讓彼此共享財務和創造力方面的最大績效。成功的原因很簡單——公司的強項在於我們的人員和彼此之間的聯繫力量。」

自此連續二年 AE Works 進入匹茲堡（Pittsburgh）前百大企業，並成為《Inc.》雜誌 5000 大公司之一，是美國快速成長的企業。

目標和價值是我們的核心，它們給予生命意義；給予我們快樂。投入未知的深淵，我們唯一可以堅守的是明確的價值和目標。就算我們不知道目的地，它們也是協助我們定位和前進的指南。在哈佛商學院教授「真實領導」（Authentic Leadership）的喬治（Bill George）提出，我們的價值觀會幫我們找到自己「真正的北方。」它們能夠讓我們在改變的漩渦中站穩腳步。儘管我們也許不知道要去哪裡，但我們知道為什麼要去。

學會放手　　　　　　　　　　　　　6-4

Let Go

「緊抓不放，我們會失去想要留住的東西，藉由放手 我們在接受現況中感到安全。」

——領導力作家瑪格莉特・惠特尼（Margaret Wheatley）

藝術家克萊因（Yves Klein）題為《躍向虛空》（Leap Into the Void）的照片，其經典畫面是跳向底下幾呎的街道、看似肯定會受傷的地方。然而克萊茵作品裡的人物臉上卻帶著笑容。這位藝術家是受過訓練的武術家，知道如何不受傷的跌倒。跳入虛空的畫面引發愉悅的感受。這張作品最能比擬離開「地面」的安全保障、感受一時「無所依」的狀態。置身於沒有確定性的空間，也代表充滿無限可能，可以做不同選擇。這是轉型的地方。想像技巧高超的體操選手停留空中的畫面。她可以在雙腳重新著地前，選擇任何可能的動作。

史蒂芬：我想要體驗自己「躍入虛空」的感受是什麼，體會無所依的感覺。為此我加入倫敦攝政公園的「空中飛人」課程。小時候我一直很怕高，所以到了上課那天，看到半數和我一樣的初學者也是第一次跳，似乎

遠比想像的真實。他們說明了基本的安全規定。聽起來雖來簡單，卻提醒了我進入未知所需的條件。這並非盲目遵循規則那回事，而是發現最有助於支持的點。

　　我先在距離地面不到幾呎的地方練習，而不是直接挑戰 40 呎的高空鞦韆。我學會抬起自己的身體、將膝蓋抬起懸掛在橫桿上，然後再次放下雙腳返回地面。接著我綁上繩子，開始爬上梯子做跳躍動作。讓我震撼的是，我覺得很害怕的時候，有三個小學生大約 11 歲左右，還在開著玩笑，一派輕鬆的樣子。我看出自己相當認真看待這個活動，然而如果我也抱持這些小男生的心態，大可把這個挑戰當遊戲。爬上去被安全繩索綁住，我感覺身體在發抖，有點眩暈和噁心，但是又很興奮。站在頂端，我認為自己下定了決心，無法回頭。

　　跳躍的召喚比預期來得快。我怎能按照自己的意志跳呢！我們往往還沒準備好就被催促著往下跳，然後就跳了。一離開那個平台，即刻體驗自由落體的感受，以及在空中盤旋的全然愉悅。緊握鞦韆橫桿，我的雙手支撐著全身的重量。搖晃弧度的最高點是重力最小的地方，正是抬起雙腳、倒掛橫桿的最佳時刻。我把腳掛了上去。好不容易隨著重力往後倒，雙手放開橫桿，利用膝蓋倒掛著身體。我完全交由動作牽引，身體不使出任何力氣。這對我而言是完全的放手，跟隨著動作，而不是抵抗它。這是整個經驗中最令人振奮的片刻。接著我再次舉起手來，想要遵照指示來個優雅的後翻降落。可惜沒有成功！我安全掉落至底下的防護網。

　　跳入未知是一種練習。過去試過的跳躍者第二次會做得更好，更有進步。我注意到自己開始感到恐懼，以及認為無法學好這項新技能的固定思維模式。我試過一次，但不想再做第二次。我認為那是我真正的挑戰。不是跳一次，而是一而再的嘗試，直到我能夠以創意的方式使用那個空間時刻。

我們在前面的章節曾經提過，機關組織對於其主事者有所期望。這是我們的本能想法。當我們發現自己處於邊緣、感到不確定和困惑時，我們很容易回到依附當權者的關係狀態。我們希望他們替我們負責、釐清事情和保護我們。當常見的做法不敷使用、當遇上新的經驗時，我們很難忍受當權者不知道。

我們在跨越能力範圍、接近邊緣的時候，必須重新協議別人對我們的期望。Energeticos 創始人金建立了員工彼此依賴的文化，他們會共同設定目標，並一起對其目標負責。藉由坦承自己無法提供所有的答案，他留給員工空間，讓他們培養自己的方法，並且自己做決定。

雖然風險難免，但指示少一點會激發更多學習和創造力。2009 年路易斯維爾大學（the University of Louisville）和麻省理工學院的大腦和認知科學系科學家進行了一項研究，他們挑選了年齡介於 3 至 6 歲的 48 位孩童，讓他們玩一個擁有多種功能的玩具，其中包括會發出嘎吱聲、彈奏音符和反射影像的功能。玩這個玩具之前，有一組孩童只讓他們知道一種玩具特性。而另一組則不提供任何資訊。結果後面這一組玩得比較久，而且平均發現了玩具的六種特性，而被告知怎麼做的前一組兒童，只發現了四種。柏克萊加州大學（UC Berkeley）也有一個類似研究顯示，沒有接受指示的孩童比較可能想出解決問題的創新方法。該校心理學教授高普尼克（AlisonGopnik）表示，如果你幫機器人設定許多指示，當有意外發生時，它會動彈不得。但是如果你給它很多選擇，並刺激它從錯誤中學習，它就可以應付新的挑戰。[69]

領導的難題在於如何刻意解開傳統上束縛著主事者的知識和控制所具有的錯誤觀念。面對無法獨立解決難題的時候，我們必須聘用和動員他人一同解決。

所以與其擔任指引的可預期角色，去直接回答問題或解決問題，我們還

可以試試別的方法。我們保持沈默，別人就可以加入並可能取得控制。如果我們等每個人都發言了之後再分享自己的看法，可能就有更多創意空間。當我們放棄指出自己的看法或想要的結果，我們創造了不一樣的對話空間。

過去 15 年來，麻州劍橋的自然流現學院（the Presencing Institute in Cambridge, Massachusetts）的機構學習顧問貝絲・珍德諾瓦（Beth Jandernoa）是放棄掌控過程專家，她看過許多機構沒有依照計畫進行而改變方案。

有一個特別方案讓她印象深刻。事情跟一家領導業界數十年的全球科技公司有關，這家公司正逐漸失去競爭力。敏銳的新競爭對手正在吃掉他們的市場。他們急切需要創新想法、尋求脫離「一般經營」的巨大轉變。公司裡人人都目標一致朝向新的經營模式努力。管理階層承擔了一個風險；他們開放以往封閉的政策規劃過程，鼓勵 130 名員工參與意見，並決定部門目標以及達成目標的方法。這是該公司史上頭一遭，價值鏈上的所有供應商、客戶和員工全體參與北美銷售的未來計畫。管理階層承諾員工，他們的意見會形成並影響未來的工作流程、組織如何和客戶及供應商連結，以及如何制訂決策的設計。

距離最後一次會議還有幾天時間，屆時大家共同協議的政策會制訂完成。距離上次的會議已過了四個星期，而貝絲和其團隊必須負責敲定設計內容。然而在他們報到時，客戶代表說出一個驚人消息。第二次會議過後的二星期，各部門主管接到公司高層管理團隊的最後通牒，必須比起預期提早做出關鍵性決策。這表示提前跳過員工協議的時間表做出重要決定，不考慮策略規劃參與者的最終意見。代表們說謠言已是滿天飛，還有許多員工都很氣憤，因為他們認為這個舉動等於是違背當時邀請他們參與的承諾。

「我沒料到會發生這樣的事情，當時我能夠感受到失敗的恐懼，並想像員工生氣的景象。在這個不知道當下，我明白自己必須保持鎮定，應用過去未曾使用過的技能和資源。身為一個團隊，我們知道必須『突發奇想』；換句話說，我們必須找到帶領我們前往新領地的路徑。我們必須放掉原有的設計，用一種重新建立信任和誠信的方式，創造面對被人認定為背叛時的處理流程。」

實際上該團隊退一步思考問題並刪除了議程，他們開始設計讓員工和管理階層能為彼此著想的方法，瞭解管理階層為何採取了這樣的步驟，並聽取員工針對此事所做的詮釋。突然間，所有的創意來源開始匯流。他們訂了二個高大的梯子供會議使用：一個給主管回答問題時攀爬，代表主管的故事，而另一個由員工使用，代表員工的反應。

會議一開始你可以感覺到房裡一觸即發的氣氛。然而貝絲團隊沒有選擇避開它，他們反而邀請一名主管和員工到會議室前面，表達各自團體的感受和看法。主管開始訴說事態緊急的故事，以及管理部門所承受的壓力時，場內一片靜默，接著工會員工表達他對於此事的看法。主管和員工一邊回答假設如何引導他們的行動和所做的結論，以及他們如此行事的信念是什麼時，他們各自往梯子上面走一步，現場的觀眾、主管和員工也在二名代表爬梯子時參與了回答問題的行列。

大家明白了雙方展現的善意和影響大家行動的誤解。一旦事情明朗了以後，所有人的心情明顯起了變化。受到傷害的信任獲得修復和鞏固，該部門繼續利用這個看似分裂的狀況開拓新的道路。

「我和團隊學會了放手的重要性，並注意眼前發生的現實而非執著於進

行議程。我們面對了失敗的恐懼，躍入未知。我們發現其實很慶幸面對這樣的混亂，因為這也因此鍛鍊了組織新的力量，可以面對前方不確定路途的各種變數。」

我們不要將策略看成控制過程的方式，而是退一步注意當下眼前的現實。不死板依循規劃完成的事項，我們可以按照現有的一切運作。這其中的關鍵在於，給予沒說出口的事發聲管道，如此可以聽見彼此的心聲。突然間看似改變的無聲阻礙，可以被瞭解，並透過對話進行合作。

不過要小心的是，我們必須謹慎斟酌放手的事物。集中注意與我們的作用和能力相關的難解事物。有時候丟棄太多已知的事物是一種誘惑。當黛安娜的同事開始接任新職務必須發展新的技能和專業時，她覺得引領她到此地位的所有累積能力都不再適用於新的情境。她假定所有之前職位所學的一切諸如管理和策略，現在都毫無用處。她後來才明白自己丟掉了太多東西，並不再信任自己的已知知識。這影響了她提供豐富經驗的信心和能力。

說「我不知道」 6-5

Say "I Don't Know"

> 「承認無知、不確定或矛盾 是讓出你所在的高位、你的主要功能及價值，
> 並允許所有渴求的目光 轉向下一批更樂於販賣所有答案的政客。」
>
> ——美國散文作家和漫畫家蒂姆・克瑞德（Tim Kreider）

為什麼不知道如此艱難？在不確定的的情況往前走必須跨越藩籬，即「世界盡頭」的邊緣。而唯一可行方式是做出簡單但極度艱難的聲明：「我不知道。」

傳說蘇格拉底的朋友雀駱芬（Chaerephon）問德爾斐神諭，有沒有人比蘇格拉底更有智慧。而得到的答案是，所有希臘人當中沒有人比他更有智慧，蘇格拉底於是開始試圖解答這種似非而似的說法。一個像他如此無知的人被認為是最有智慧的人？他跟政治家、詩人和其他菁英談過以後，領會到他們都在佯裝擁有知識和智慧。蘇格拉底總結神喻的說法是正確的。有別於其他人的是，他知道自己是無知的，這點讓他有智慧：「我知道一件事：我一無所知。」

我們可以接受自己不知道嗎？我們能承認自己不知道嗎？我們可以刻

意承認並進入「我不知道」的參考架構空間嗎？因此當老闆說——「我看了資料，知道如果我們採取這波行動，銷售會因此提升」——我們可以說——「這是新興市場，所以事情很難說。我們何不嘗試各種可能？」或者當我們參加超出我們理解能力的會議時，我們不會全然贊同，假裝了解問題並同意其行動，反而可以說「我還沒確定。我們可以進一步討論嗎？」這或許讓人非常不安，尤其在我們領導他人或擔任關鍵決策者的時候。如歐洲之星執行長彼卓維契（Nicolas Petrovic）所言：「無法容忍模擬兩可的管理者，是回答「視情況而定」時會感到失落的人。」

當眾人期待你提供答案時，很難做到不知道。克瑞德形容像他這種新聞工作者面對的兩難：「任何媒體的社論作家或時事評論家，理當不能說的話是『我不知道』：他們對於氣候變化的科學太過無知而無法擁有真憑實據的觀點；他們坦誠不知道如何處理這個國家的槍枝暴力；或是他們就是不太瞭解以巴衝突，老實說他們更是聽厭了這些話題。」[70]

學者法蘭奇和辛普森引用英國精神分析學家比昂的說法，說明假如我們能夠抗拒誘惑，不把知道塞進由無知創造的空間，我們更可能會出現新創意、想法和見解。[71]

這不是說我們得把一切忘得一乾二淨，或是否定我們已知的知識。這只是表示我們可以稍微先保留我們的知識和看法。比昂提出比喻，認為我們需要一種「望遠鏡視野」——同時聚焦於知道和不知道的事物。西班牙一位涵養豐富的科學家法蘭西斯卡・佩瑞斯（Francisca Perez），最近剛從科學導向的製藥公司轉行至商業旅遊公司，她發現自己很抗拒她一般信守的不知道守則。「以科學家的觀點，『我不知道』等於『我有自信』（只有不確定的人需要假裝）和『你可以相信我』（因為我會確實告訴你我所知道和不知道的事）。」

然而，她很快明白了這些話在商業界完全代表另一個意思。她目前從事於快速發展的行業，擔任的職位所投入的心力會直接影響經營結果，她必須知道和提供確定性。「在這個新的領域，說『我不知道』等於說『我不適合這份工作』」。這是她人生頭一次發現自己處於沒有權利不知道的情境。有好幾個月，她天天都暗自懷疑是否會犯下最終導致被解聘的錯誤。法蘭西斯卡此後適應了新環境，並學會平衡內心接受不知道但外在面臨知道壓力之間的緊張關係。

　　儘管有潛在風險，承認我們不知道卻能夠與身邊的人建立聯繫。承認時的脆弱和謙卑讓我們與一起工作的人更親近，並且能夠讓他們一起參與未來發展的挑戰，並試圖解決即將到來的問題。權力的區分和封建結構變得不合理，因為我們共同面臨的是最巨大的挑戰。

　　葛倫・費爾南德斯（Glenn Fernandez）是國際乳製品企業的前資深業務經理，他發現企業重組後自己得領導一批新的團隊。他回想：「我不知道如何管理這些因為經營策略改變而失去一半工作的員工。他們曾經是高績效團隊，但現在似乎很閒散，缺乏動力和目標。管理一群經歷不確定時期的人是一大挑戰，而信任我的主要高層離開了組織，所以我沒有任何支援。這是我大喊『天啊！』的時刻。這是我覺得最脆弱的時候。我失去了方向，而我最大的支持者和擁護者不在身邊……我縮在自己的殼裡。掙扎了幾個星期，只是來上班和做事，不瞭解目的是什麼。我覺得很不安。我真的不曉得拿這個新團隊怎麼辦。我在這個黑暗地帶打轉了一陣子，沒有任何人指引。」

　　有一天葛倫決定將團隊帶走，建立一個空間討論到底發生了什麼事。他們進行了二天的異地旅行。他決定冒險說出自己的不安，還有一直在等人告訴他該怎麼做。他對他們吐露自己不知道怎麼處理這情況，他的問題比答案還多。這是他第一次對新團隊公開自己的脆弱，他真的很緊張。組織一向是

上對下、微觀管理的文化。他的主管沒有人對他吐露過自己的不安。

　　「我給他們的訊息是——『我相信你們、尊敬你們，而他們懂了。』實際情況是我的感受分享為他們打開了一個空間，讓他們也可以與團隊分享故事。大家對於改變都有同樣的反應，不安、自我懷疑……這是振奮團隊的共享經驗。說『我不知道』是人人必須面對的東西。」

　　說「我不知道」的行為對其他人釋放了一個清楚的信號，就是現在所面臨的狀況是現有知識無法引導我們。這允許我們和他人得以找尋其他方式，再次成為初學者。承認我們的限制簡直是一大解放。誠如盧梭（Jean-Jacques Rousseau）所寫，「我不知道是一個成就我們的說法。」

樂在疑惑

6-6

Entertain Doubt

「全然相信並同時抱持懷疑一點也不衝突：這預先假設了對於真理的最大尊重，並意識到真理永遠超越任何時刻所說或所做的一切。」

——美國存在主義心理學家羅洛・梅（Rollo May）

黛安娜：在培訓期間，我經常聽到客戶設法要解決一個問題「我怎麼知道我是對的？」這是我聽過最難的問題，也是和他們合作時最大的挑戰。這其中有很多人居於高位，並擔負重大決策責任……我們用對和錯、黑與白刻畫人生。我們尋找微兆、任何微兆，告訴我們我們走的方向是「正確」的。我們能夠擁有樂於疑惑的可能性嗎？」

商業思想家和作家查爾斯・漢迪（Charles Handy）現年 81 歲，自稱是一名社會哲學家。有次史蒂芬與查爾斯及其夫人麗茲對話，查爾斯回想起倫敦商學院的會議，當時他們要選出由副教授升格為教授的人選。當時有一位候選人，大家都知道他不適合，但無法確切說出真正的理由。後來有人說：「他的問題是沒有適切的懷疑。」

「擁有適切的懷疑是沒有關係的，」查爾斯說。「那些提倡必然的人不是很可靠。這是信仰的本質，相信一切都會轉好，即使處於不確定當中。」他想起中古世紀的英國靈修者諾威奇的朱利安（Julian of Norwich）所做的結論，「一切都會轉好，所有事情都會很好。」這個廣受喜愛的俗話為我們保留了許多希望——即便我們不瞭解並疑惑於不確定當中，我們終究會沒事的。

對於現存知識的依賴可能經常會阻礙我們——特別在新資訊出現的時候。最傑出的學者和領袖樂於懷疑他們自身的知識狀態，而這也有助於他們開創新的發現機會和創造不知道的「資產」。

能夠習慣提出問題、承認我們觀看世界的鏡片是主觀且有缺陷的是一種必要的領導技巧。懷疑計畫的結果能夠讓我們輕鬆與他人共事，同時集結不同觀點，為複雜難題注入新見解。而且還足以讓我們做出更適當的決定。

世界經濟論壇（the World Economic Forum）前人資長、循環型社會（Circular Society）創辦人蘇德沃夫（Carsten Sudhoff），回想起在杜拜（Dubai）讓他突然改變的那個晚上。他在世界經濟論壇全球議程年度高峰會舉行的前一晚，抵達了阿拉伯聯合大公國這座最具指標性的城市。

「一定是整體的氣氛和熱情，以及我們熱烈的對談使然，激發了我們進入深度提問的狀態。造成社會許多嚴重問題的唯一原因，真的是領導能力或是缺乏領導能力嗎？在這滿是難解、含糊不清的世界，環境、社會和經濟如此明顯相互連結的地方，我們真的可以繼續只重視個人成就嗎？」

卡思頓提出假設，如果人人思考與他人的相互關連性，許多燃眉議題即可迎刃而解。他不確定假設是否正確，不過將「相互關連的真實性」帶進領

導能力和社會發展的領域，這個想法很有趣。

「那晚我無法成眠。腦海裡盤旋著許多問題：如果這個假設是對的，會帶動怎樣的社會變革？我應該怎麼繼續進行？還是我太天真了？」

卡思頓回到瑞士以後開始在白紙上草擬願景。身為資深主管的他身經百戰，規劃策略文件本是他的拿手絕活，但無疑地這次真的會很不一樣。這次他寫的是個人的夢想，他對美好世界的憧憬，在那裡個人和機構於改善他人生活之際，同時獲得成功和滿足感。「隨著每行的字句，我看見眼前擴展的廣大未知。每個完成的章節產生更多我無法回答的問題。懷疑滲透了進來。這是讓人害怕又充滿能量的空間。」

卡思頓領會到這不只是另一個計畫項目；這是他的夢想、他的強烈願望，而這可能代表要放棄世界經濟論壇的職務，讓它變成真實。他備受懷疑折磨。「我有身為企業家的條件嗎？我有創造力和毅力的資歷可尋。但那樣就夠了嗎？我在不同的組織環境有成功經驗。但我能夠在沒有企業支持下，靠自己的力量生存嗎？我能夠以此維生嗎？」

當他和一些企業家朋友坦承分享這些疑惑時，他才明白自己經歷的焦慮和自我懷疑，對於任何面對這種情況的人來說，絕對是正常和健康的。「我的問題不一定有答案，但討論有助於架構和設計議題。沒有所謂遵守完美腳本這回事。」卡思頓自此離開了世界經濟論壇，創立了循環型社會，這個社會企業著重於激發新的思維和行動方式，改善整體上個人和社會的生活觀點。

懷疑是通往可能性的門檻，承認疑惑表示對於學習和創造保持彈性開放心態。不過我們別把這點跟缺乏自信搞混了。認為承認疑惑是種弱點是面對

未知的一大阻礙。我們不希望大家看到自己較沒信心的部分——我們假設如果有人知道我們的疑惑，他們會對我們失去信心，而我們不喜歡這個想法帶給我們的感受。在布希 72 近期出版的傳記中透露，雖然他對於伊拉克戰爭公開表示堅定的決心，私底下他還是表示懷疑。布希無法公開承認懷疑的原因是他認為領導者必須表現確定性，如此才能贏得信任和重視。

與抗拒和平共處 6-7
Work with Resistance

我們前面提過作家和企業家尼克‧威廉斯的故事（請見 109 頁），當他收到第一本書的出版合約時，內心飽受強烈的抗拒聲音折磨。這個聲音告訴她，他無法勝任寫作的工作，這次任務他不會成功。可是同時他聽到另一個微弱的聲音說：「你是天生的作家，你做得到。」

尼克放下裝著合約信的信封，花時間和這股抗拒「相處」。但是他不是聽從這股抗拒聲浪，反而是對它產生好奇並開始質疑。他陷入沈默，並深入觸及讓他感到害怕的東西。他努力聆聽內心，重新連結八歲時要求一枝書寫筆做為聖誕禮物的夢想和渴望：「我不知道靈魂可以吶喊，但我覺得我的靈魂當時好像在對我吶喊，『寫這本書吧！這是你的強烈使命，你來這裡就是這個目的！』」尼克回想。

幾天後，我做完祈禱並在合約書上簽了名。抗拒感還在，但在那段思考期間，尼克連結到他的強烈使命。他學會如何和這股抗拒相處，不讓它控制住。

在簽下合約的承諾時刻，他的啟發大門就此打開。往後三個月尼克開始他每天 3 至 13 個小時的寫作。他在 1999 年 1 月準時交付了 2 袋的手稿。

1999 年 9 月，此書出版並成為暢銷書。

尼克反思：「我體會到未知不見得如此可怕，因為它總是蘊含著機會和可能性。大膽一試──冒險發掘你真正的自我和可以發揮的影響力。」

尼克也明白，面對生命中真正的大事，有時候我們需要放棄做好準備和滿懷自信應對的任何希望。成功對他而言，從他還沒準備好，一路伸展翅膀時就已經開始。等他逐漸意識到最大的恐懼並直接面對，他發現最棒的事情就出現在抗拒的另一邊。

BEING IN THE DARK IS

處於黑暗是

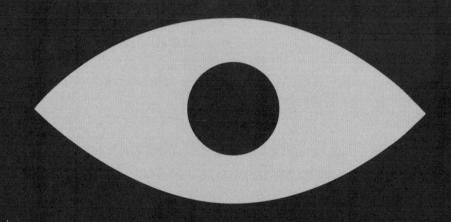

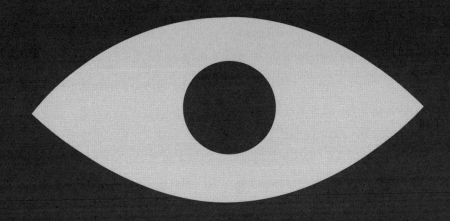

A SPACE FULL OF POTENTIAL

充滿潛能的空間

體現「不知道」　　　　　　　　　6-8
Embodied Not Knowing

　　父母是老師、早已養成閱讀習慣的華許（Mark Walsh）是「體現領導」（Embodied Leadership）的訓練者，直接創立了學校和學校教育。他自小認為這是學習重要事情的方式——至少到他考駕照為止，那次發生在英國東安格利亞（East Anglia）鄉間，是他生命中具有實際意義的重要里程碑。他考了幾次沒考上，覺得很難堪。想起有一次考試官為了安全考量，還堅持開車載他回考場。大約在同時間，馬克瘋狂陷入初戀，發現了世界的連結和身體內部的強烈情感。「愛的世界動搖了我的學術根基，引領我體會感官知覺。」悲哀地是，缺乏任何戀愛經驗的他，這門學科也「當掉」了。原來他不知道的事情有這麼多。

　　「這二門艱深的課程告訴我，除了認知上的「了解」，還有其他方式變聰明，」馬克說。「駕駛和社交關係無法從書上學習。這些是神經學家目前稱為含蓄、程序性和體現學習的例子。領導力、人際關係和人生本身皆是體現的事情。身體是我們的潛意識，會經由習慣和本能顯露自我。如果我們將自己侷限於了解的範圍，那我們就很難獲得我們真正知道的東西。」

馬克後來開始學習武術和舞蹈，透過這類的身體藝術探索。然而，在他所訓練和諮詢的現代工作環境中，他發現人經常會忘了身體。真正發揮反應能力和創造力的方法，來自於放鬆、讓本能的身體反應湧出。禪學稱之為「無心」（no-mind）。舉凡演員、喜劇即興表演者、情人和偉大領袖都很熟悉這種概念。馬克解釋：「身體是神秘和智慧的根源。習慣將身體視為裝載大腦的貨車的人可能會大吃一驚。所以我應該先說明當我說『身體』的時候，我不是只把它當作機器，更是認為它是構成我們的親密部分。我們移動和站立的姿態代表我們處世的方式。」

馬克提到，了解世界和自我的錯覺，都保留在我們實質學習和移動的模式裡。我們有習慣，而身體讓它們就定位。「從不知道的觀點來看，我們的身體傾向——過去事件的固定化——讓我們脫離實際是什麼的現實，以及反應的靈活度。如果我們沒有和可能會發生什麼做對話，而只是重複過去的模式，那麼我們無法反映我們的力量和風度。」

身體是不知道的門戶，當大腦和智力因為未知的困惑和焦慮讓我們停擺時，它是重新進入的有用資源。與其使用常見、慣用的方式「解決事情」，僅僅發現我們做不到的事，我們還不如練習更加身體力行。「脖子以下」發生的事是事情來龍去脈的重要資料來源，也可以提供我們探索未知的線索。

打好基礎

Prepare The Ground

6-9

2000 年，美國報業營收額是 650 億美元。到了 2012 年下滑至將近 200 億美元。一個可怕的網站突然出現——「報業死亡觀察」（newspaper deathwatch.com）。在英國，自 2005 年以來連續七年，有 242 家當地報社倒閉。這不是執行長高階專業經理人如執行長會習以為常的變化；這是非比尋常的事情。沒有人知道接下來會怎樣，或是他們該怎麼做。

在這風雨飄搖的期間裡仍屹立不搖的《金融時報》（Financial Times），是英國一家針對國際讀者的報社。當地讀者都很熟知的 FT 專屬的粉紅紙張，提供商業界攸關市場的資訊和高品質的報導。

史蒂芬與同事和 FT 全球副執行長和全球商務總監班·休斯（Ben Hughes）及其管理團隊，過去三年來持續合作。班描述 FT 如何學習管理從已知（印刷品）世界進入新的未知（數位）世界的過渡時期。

「雖然我已看出這股逐漸發展的趨勢，但我真正感到震撼的時候是 2012 年的夏天，我們的網路營收和流通量首次超越了印刷品營業額和流通量。我記得看著 35 張投影片策略報告，只有一張專門針對平面發行和廣告部分。在短短時間內，我們在美國的平面流通量急遽下降。這是「傾倒」的時刻，此

後的經營將有所不同。」

FT 使用「數位第一」的口號顯示公司內部的企圖心。資深管理團隊過去幾年來每季會面對面討論當季經營策略，以因應產業複雜的環境變化。變化發生得過於快速，甚至出現激進的想法。財務主管堅信 FT 企業沒有印刷品也可以成功，並繼續在網路業務上蓬勃發展。

該團隊必須控制在擁抱未來及認可並尊敬過去兩者間的對峙張力。他們認為這情況並非在選擇未來、不要過去，而是能夠重新定義目前出版事業的目標，並同時探索數位領域新契機。雖然出版業已經萎縮，它還是為該行業貢獻了重要和顯著的收入。

「我相信我們必須盡其所能明確而果決地迎接未來，但我認為領導者面對未知的其中一個錯誤是拋棄和不夠尊敬當下，」班說。

為了鞏固事業，FT 重申最初為人所知的特色——高品質編輯內容。FT 專欄作家素以整合力和深度分析聞名，加上發佈於網路的不可靠資訊刺激了安全投資轉移，讀者樂於付費購買資訊。此點在 2012 至 2013 年萊韋森調查小組（Leveson Inquiry）調查英國媒體期間更加凸顯，調查起因於 2011 年爆發了媒體電話竊聽醜聞並揭露了高度可疑的新聞工作。但 FT 保持了無瑕疵記錄。

FT 和所有報社相同，必須調整員工人數。班回想報業員工面對的關鍵時刻：

「面對未知最重要的課題之一是開放且坦承的溝通。我記得在員工看到了

員工數量的變化之後，我和他們其中一組人員交談。我告訴他們，我真的很希望能夠坐在他們面前承諾這是最後的改變，但我無法這麼說。我告訴他們，雖然其他公司好像可能不會有變化，但我們不認為忽視未來是好的選擇。」

班和 FT 資深管理團隊能夠讓員工對變化有心理準備，並且建立了過去和未來的連結，因應能過渡到新的現實。他們創造足夠安全的空間，以現有堅強的經營結構為基礎，表揚員工的長處，和公開並坦誠溝通，讓眾人可以掌控面對眼前未知的焦慮。藉由尊重過去造成的損失，和歡慶眼前鋪展的潛在機會，FT 能夠駕馭該產業變化的巨浪，而沒有被吞沒毀滅。

而另一個準備面對未知基礎的方式是表現出「親身參與」。這表示對於未來旅程的堅定承諾，能夠啟發和鼓勵他人跟隨。雪莉・庫區（Sherry Coutu）是銜接科技、企業精神和教育的世界級專家。《連線》雜誌將她列為科技業前 25 名最具影響力的人物。她擁有董事和顧問頭銜，服務組織包括野莓派（Raspberry Pi）、Founders4schools、LinkedIn、Artfinder、Care.com 和劍橋大學出版社。

雪莉特別擅長集結利害關係人成功推動事業。近來她成立了「劍橋群集地圖」（The Cambridge Cluster Map），這家匯集英國公司註冊處（Companies House）和 LinkedIn 的資訊，建立公司地圖的公司正飛快地成長。迄今地圖已登記超過 1,540 公司，共計 123 億美元。

「這計畫很困難，因為牽扯到使用政府的資料，增加額外的複雜層面，」雪莉說。「促使這項計畫成功的關鍵原因之一，在於展示面對未知的決心。我拿出自己口袋裡的錢去支援這項計畫。其他人看到我個人這麼有心也會跟進。」

如果雪莉能夠找到三家公司投入這項計畫，有些贊助商也會樂於加入。不過她的成就在於她成功獲得六家口袋名單公司的支持。她解釋，由此經驗她所學到的重要教訓是，我們不知道自己能夠做什麼，除非我們聽到別人的故事。「通常曝光的簡單事實，可能是發掘更多的種子，能夠實現反之可能無法被開發的潛力。」

雪莉展現「親身參與」的能力，帶給他人信心，讓他們願意加入並投資這擁有許多未知數的高風險事業。」

7

閉上眼睛觀看

Close Your Eyes
to See

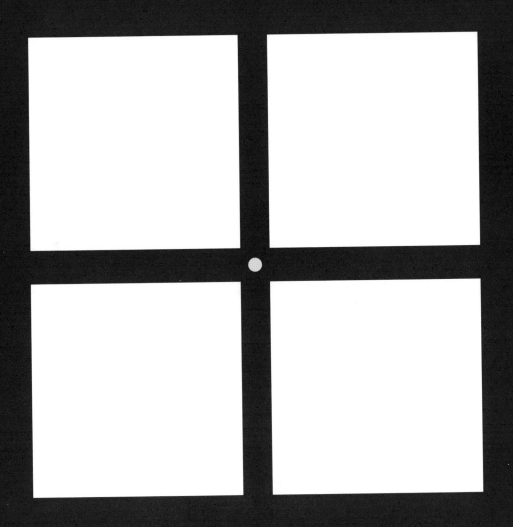

專心看中心的圓點 30 秒，然後閉上眼睛。

你看到了什麼？

「為了看見　　　　　　　我閉上雙眼。」

保羅・高更（Paul Gauguin）

閉上眼睛觀看　　　　　　　　　7-1

Close Your Eyes to See

　　馬可安東尼奧・馬丁內斯（Marco Antonio Martinez）是墨西哥籍攝影師，作品經常於世界各地藝廊展覽。有次他利用泥土和鋁創作的小雕像和造景，呈現自己夢境的畫面。有張照片是在一個佈滿像甲殼蟲般的生物的紅色隧道，逐漸流進一個無底洞裡。那些小蟲反射出的詭異陰影，創造了一塊超現實的瑰麗夢土。該系列的另一張照片是因為細膩的光線軌跡呈現出橫跨一大片黑暗背景，發出柔和光芒的樹木，另一張是驕傲發光的飛馬出現在黑暗中的某個光影下。

　　在這次攝影計畫的影片導覽中，馬可安東尼奧形容飛馬是強壯、不受拘束的生物。他記得在夢裡，那隻飛馬轉達給他這些感受，一種脫離第一張照片的深淵幽閉恐懼的解放感。那個夢境於一閃紅光中戛然而止。

　　這些照片美得驚心動魄；同時也因為拍攝者是盲人更彰顯不凡。照片上描繪的夢境正好發生在攝影師突然失明的七天後。這個故事以非理性的敘述手法，帶領我們深入體會失明的內在感受。

　　馬可安東尼奧在失明前幾乎不曾用過照相機，就像多數人一樣，他只拍些日常照片，例如家庭聚會照。完全對攝影藝術不感興趣。

為什麼思考強者總愛「不知道」？

「看不見以後，你有一種莫名的失落感，」他說。「生活迫使你必須解決過往未曾想像的問題或煩惱。那感覺真的很沮喪。你難免得學習一些替代方法、工具和新的技能。你也被迫終日探索、更加注意自己存在的空間和自我。你明白反覆試驗是學習過程的一部分」。

透過感覺攝影技巧，加上他以往的視覺印象，馬可安東尼奧學會如何創作影像。「感覺和理解自己身處何處的基本條件是去想像我的環境。現在我經常想像，因而能夠擴展我的現實，一個我隨時建立和設計的地方。」

馬可安東尼奧在墨西哥城一家叫「情感的視界」（Sight of Emotion）攝影工作坊學攝影。這是一項頗具野心的計畫，目的在於教導盲人攝影和改變主流社會對於視覺殘障者的觀感。該組織在墨西哥城與一千多位年輕人合作過，同時在全球進行計畫。

「情感的視界」是創新的的攝影過程，視障人士需要利用感官創造路徑，進而完成影像創作。聲音是攝影師知道主題位置的參考，也能確定距離和高度。為了建構照片，他們張開手臂 75 至 80 度角，因為那是數位傻瓜相機的視角。他們可以使用觸覺收集其他資訊，例如物體的質感，以及攝影對象的頭髮長度和髮型。以街拍來說，嗅覺也是讓攝影師了解周遭情況的重要參考點。

這項計畫由墨西哥攝影師吉娜‧巴德諾赫（Gina Badenoch）發起：「走向未知的時候，最糟糕的是緊守自我，妄想控制無法控制的事物。」吉娜這麼認為。透過她的計畫，她要求參與者接受自己的現狀，確認並接受他們自己的缺乏，但更專注於他們仍可以做的事，並承認採取和別人合作的方式可以彌補目前的不足。

對多數攝影師而言，自身的輸出作品和攝影印刷，是攝影的全部意

義。但對盲人攝影師來說，過程本身即為意義，印出的照片則交由別人欣賞。攝影師沈浸自我並體會照相的整個過程，以及由別人的喜愛中得到的強烈滿足感。

吉娜反思道：「這些年來我見證了盲人利用其他感官所拍攝的照片、傳達給全世界的無數故事。我也看到了生活的轉變，因為看不見的人現在不僅被接受了，也豐富了我們的視覺世界。」

在商業環境中，依賴於特定來源的特定市場資訊類型，可能會讓我們小看了其他資料來源的重要性，看不見其他來源或感覺的價值，以為那些沒那麼重要。

史蒂芬：我和一個朋友有次參加奧地利因斯布魯克（Innsbruck）的「發現感官」活動，那是處於完全黑暗的城市體驗。我們買了票以後被帶至等候區，被蒙住眼睛後才介紹給各自的嚮導。有隻手扶著我的手肘，牽引我往前穿門而過。因為蒙著眼我感覺不到任何光線——沒有東西可以提供我方向感。我一方面覺得害怕，一方面又覺得很興奮。

行走時，我無助地把手往前伸，感覺我的路、試著避免撞倒東西傷到自己。我踩著試探性的腳步前進，謹慎地嘗試感覺我身在何處，所以進度十分緩慢。等我變得比較習慣看不見時，其他的感官也跟著甦醒。我開始注意到踩在腳下的柔軟地面緩和了我的腳步。我聞到剛除過草的味道、然後是隨著微風飄過我身邊的隱約花香。我在原野上嗎？我聽得到潺潺流水聲，等我靠近河岸時，聲音更加明顯。我專注聆聽，並強烈意識到自己的移動。

如果我停下來或猶豫不決，我的嚮導會用手示意我前進。嚮導一路上說說笑笑，營造了安心的氛圍。後來的一小時過程，我們過了橋、跨過擁擠的街道，我聽到車流的恐怖噪音，走過忙碌的市集，教堂響起了鐘聲，然後抵達了似乎是最後目的地──一家餐廳，我們要在黑暗中點餐、進食，甚至買單。無法用視覺指引我的餐點，我放慢速度，每一口細細品嚐。嗅覺變得靈敏，舌尖可以感覺到細緻的質感，如初次品嚐一般，我的手還不時觸碰盤子，確定餐點還在那裡！

　　用餐結束後，我們被帶領過門走至出口，終於能夠卸下眼罩。等我眼睛再次習慣光線時，我非常驚訝地發現，如此專業引領我們四處走動的嚮導竟然是個盲人。雖然這已經是十年前的經驗，當日情景卻仍歷歷浮現眼前。

　　採取選擇性失明的方式，我們可以刻意關掉某些資訊來源，從更驚喜的來源學習，投入其中直接體驗。例如，我們可以把新進員工當成資料來源，而不是訴求一般的可靠來源。

　　為了看見，閉上眼睛是隔離某些知識的方式，刻意不知道重要資料來源，藉此在沒經驗的地方展開新知。弔詭的是，這種隔離反而會創造出新的知識。這是不知道的秘密──完全不會減少知識，其過程具有生產性，以新的方式創造知識，解開舊知識無法解決的艱難習題。

觀察 7-2

Observe

「真正的發現之旅不包含尋找新的景色，而是擁有新的視野。」

——馬塞爾・普魯斯特（Author Marcel Proust）

我們多數人都有到新地方旅行的奇妙經驗，並經歷過「接下來會看見什麼？」的興奮感受。欣賞新的地方、新的料理或新的味道，這是異鄉人的觀點。然而，如果在日常生活遇見未知，我們要如何保持同樣的心態呢？狄波頓（Alain de Botton）稱這個為「旅行心態」[73]，由法國人狄梅斯特（Xavier de Maistre）體現的特質，後者在 1795 年開創了新的旅遊模式：房間旅行。

狄梅斯特的冒險渴望帶領他由出生地法國阿爾卑斯山腳，前往義大利的都靈（Turin），然後是俄羅斯的聖彼得堡（St. Petersburg），後來他在那裡度過餘生。大家也知道他 20 幾歲時嘗試過空中旅行，他用紙張製作巨型翅膀，野心十足地計畫飛越大西洋至美國。他的大膽冒險沒有成功，但是在 1790 年，狄梅斯特發現自己因為參加抗爭被罰監禁在家 42 天，此後踏上完全不同的冒險旅程。他開始探索自己的房間，按照時間順序紀錄該旅程，完成了著作《在自己的房間裡旅行》（Journey around my bedroom）。

書中他描述自己如何在房間裡漫步，緩慢且非直線式地接收「視覺，」

為什麼思考強者總愛「不知道」？

他以當代旅遊書籍風格寫作：「一離開我的單人沙發往北方前進，你就會看到我的床。」他說明自己旅行的方式：「我會找出各種可能的幾何軌跡，如果需要……我的靈魂接受所有想法、感受和心情；它貪婪地吸收任何表現本質的事物！」

狄梅斯特能夠持平觀察，重新發現已知和熟悉的事物，而他苦心的鑽研細節也證實了這個心態依然適用在二百多年後的我們身上。

觀察過程會使我們放慢腳步，停留在當下片刻。如此會幫助我們抵抗衝動行事、太快進入解決方案模式的誘惑。當我們敏銳觀察著身邊事物、發生的事情，在動作之中我們會得到更好的看法。馬丁內斯喜歡稱這種觀察動作為「所有感官的刺激。」他認為這個定義能幫助我們看清楚具有挑戰性的事情和情況。「生活中有些未知狀態會讓我們癱瘓，並使我們不得不認為事情根本無法解決。如果我們學會用其他五官觀察事情，找到不同和全新的觀點，我們就能夠找到實現夢想的新道路。」

我們試著理解情況或嘗試改善難解習題時，與其依賴我們的智力，還不如將所有感官放在觀察過程。我們可以沈浸於體驗中，並且透過我們所有的感官——視覺、聽覺、嗅覺和味覺——收集資訊。這份豐富的資料可提供我們在處理眼前事物時有更多選擇。我們在觀察中變得更超然，不受我們的思想、感覺、偏見或詮釋牽制，我們會對探索和疑惑的新空間更加開放。

很多修行活動發展了察覺的課程，例如佛家的正念和天主教傳統的日常修行默觀。這些都可用來幫助我們退一步問「我在哪裡？」或「這裡是怎麼回事？」。簡單的動作例如開會時把椅子往後推、專心在自己的呼吸上一陣子，或是建立減壓會報活動，多少可以讓我們變得更擅於觀察和反思。

　　　　　　　　　　　　　　　　Chapter 7: Close Your Eyes to See

創造寂靜空間

Create Space for Silence

7-3

> 「要得到最純粹的真理，如牛頓所知所行之事，需要多年的沈思。沒有活動。沒有推理。沒有計算。沒有任何忙碌的行為。不閱讀。不說話。不做任何努力。不思考。只要記得當下需要知道的事。」
>
> ——數學家喬治‧史賓塞‧布朗（G Spencer Brown）

企業環境要保持沈默似乎很難，但拉丁美洲監獄的處境恐怕更艱難。過去二年半以來，羅梅羅（Jose Keith Romero）將冥想練習引進墨西哥監獄。他的自願服務旨在幫助囚犯練習並深入體會內心的平靜、自尊和尊重。

最近何塞和團隊在墨西哥城的大型監獄，利用指定的空間幫助囚犯進行冥想。那裡沒有窗戶、沒有通風，空間很有壓迫感。他們為了播放冥想音樂和克服場地的噪音問題，帶了一台筆電進去。在這特別的日子，當他們開始冥想活動的誦經過程中，電腦停止了運作。那些居民耐心等待志工團修復機器。然而，幾次盡力嘗試以後，他們不得不放棄並開始無伴奏合聲吟誦。

令何塞大感驚訝的是囚犯的融洽反應。「彷彿從吟誦的力量中，他們主動要求引導。聲音的旋律迴盪在房裡的每個角落。」吟唱了 15 分鐘以後，他們進入寂靜和冥想狀態。這個簡單練習包含深呼吸、姿勢和心靈平靜。「我

為什麼思考強者總愛「不知道」？

SILENCE
沈默

們進入無的神聖空間。深呼吸取代了一切、沒有聲音、沒有吟唱、只有呼吸聲，吸氣、吐氣，完全的和諧。」

在房裡的一角有一名引導員請大家張開眼睛、動動自己的腳趾、觸碰自己的身體，並且將意識帶回現場。活動結束了，大家握手道別，志工團經過迂迴的走廊往外移動。

「從監獄大門走出去時，」何塞回想著。「我們沈思著剛剛發生的事。宇宙的核心，不需要筆電、錄音機或讓別人知道它的聲音。如果你靜下心來，將靈魂交付內心的智慧，未來就出現了；而平靜和尊重亦油然而生。」

集體沉默有某種強大的力量連結並承載著我們。當發生不可預期的事情、我們被拋離軌道，或是事情進行得不順利，我們急切地想「填補空虛」，做點什麼事，但其實還不如慢下腳步，沈靜下來，只要暫停和等待。那幾秒鐘也許感覺像永恆，但寂靜能開啟一個空間，讓新的東西出現。假以時日，這可能成為一種習慣，讓我們能夠接受當下，減緩我們控制的本能。

沈默即洞察

教友派（The Society of Friends）即為人熟知的貴格會（The Quakers），他們有個很好的傳統，在共修之前會利用沈默達到專心的目的。作家、教育家和抗議人士帕爾默（Parker Palmer）說了一個類似事件：「有次教友集會時，我們遇到很棘手的問題。由於時間不夠用，我們同意將該議題延至隔週繼續討論。整個星期瀰漫著高漲情緒，反對觀點愈發激烈。我們在下次會議匆忙集合，迫不及待要處理這個議題。由於是貴格會社區──每

次開會前必須有五分鐘靜默時間。在這天教區執事宣布，因為議題的急迫性，我們不會先開始例行的五分鐘靜默活動。我們都如釋重負地吐了一口氣，卻聽到她宣布：『今天，我們會開始 20 分鐘的靜默。』」[74]

布魯斯・哈福・布斯塔（Bruce" Harv" Busta）是明尼蘇達州聖克勞德州立大學會計學資深教授，也是專業的稽核員，他說明面對困境時如何使用靜默找到聆聽自己的時間。

「我是貴格會教友。我們相信上帝能夠並確實直接與我們對話。我們靜坐冥想和傾聽……對上帝、對我們自己、對彼此。我們在寂靜中洞察正確的道路。傾聽需要練習。我們一開始先放掉自己的知識、動機和考量，「置身其中」並專注傾聽。我們傾聽，藉此開放我們的內心和心靈。」

哈福認為洞察過程是緩慢的。不是典型的靈光乍現和即刻的問題解答。而是一種心靈變得沈靜的反覆過程，在謹慎期望中等待釐清。如哈福所言，少一點模糊性。

哈福有天坐在辦公室裡，凝望他收集的成堆研究可能機會。取得終身教授職的他，事業到達僅剩進行重大研究工作的地位。問題是：選什麼項目呢？有很多有趣和值得探索的途徑，很多他深感興趣的項目，但就他所剩的年限，他知道他只有時間認真遵循其中一條路。哈福認為這是使用沈默洞察事物的絕佳機會。

「因此為了渴望釐清……我開始了。安靜的坐著，思考我的決定，然後試著不思考我的決定……只讓寂靜流洩全身，沖洗著我。慢慢地呼吸、傾聽。放鬆，澄淨我的心靈。我的決定悄悄回到我的思緒。我溫和地推開它並再次

置身其中，不去想它、不去想任何事，只有傾聽。藉由澄清心靈、慢慢、非常緩慢地，心靈逐漸清空了思緒。你變得開放傾聽萌芽的訊息。由此達到了澄清。就像泥濘池塘，不做任何事，只純粹不理它，污泥自會沈澱。我們的思想也是如此，不想任何事，困惑自然結束，思緒隨即清明。20分、30分……怎麼回事？靈光一閃嗎？來自上帝的明確訊息嗎？……其實這些事根本很少發生；然而寂靜和放下會讓你更加自在和冷靜。」

　　時間一久，或許是幾個月，慢慢地，哈福和其研究小組開始一點一點釐清最適合的研究路徑，就像拼湊的一塊塊拼圖。「這條路是上帝想要我走的路，不見得是我期望或希望的路。」哈福說明，重要的是洞察過程涉及到我們信任的人，並且可以僅限於我們能夠共同摸索決定的人。別人的角色不是給予建議或指導，而是幫助我們從各個角度看待問題、討論阻礙和困難。

　　「洞察不單是見解或好的判斷力。它不是決定成果的智力練習。而是尋找和傾聽，以期聽見內在靈性聲音的過程。它澄清我們的心靈並解放自我，進而聽見萌芽的訊息。」

聆聽

7-4

Listen

根據研究顯示，醫生在病患開始描述主要症狀以後，通常只等 23 秒，即會打斷病人並重新主導談話內容。由貝克曼博士（Dr Howard Beckman）和羅徹斯特大學醫學中心的研究同仁共同進行的研究顯示，醫生在重新主導話題前的低落傾聽品質，會因此錯失收集重要資料的時機。[75] 這項研究也發現，只要醫生在開始問診前再多等 6 秒，病患就能說出所有的顧慮。由於醫生通常等病人說出第一個煩惱以後就打斷他們，很多病人無法提到其他重要的症狀。

麻省理工學院資深講師和自然流現學院的創辦首席夏默（Otto Scharmer），是「U 形理論」（Theory U）的創作者。自然流現被形容為加強注意狀態，能夠讓個人和團體轉移他們內在的活動，如此他們可以在聚集可能性的空間裡運作。[76]

在 U 形理論裡，夏默敘述四種傾聽類型：[77]

下載型：我們只為了再次證實我們的判斷而傾聽。「我已經知道了。」我們追求的是已經知道的事物。

事實型：我們為了收集更多資料而注意各項事實。我們追求不知道的事。

共鳴型：我們透過實際參與對話和特別關注別人和他們的故事，能夠敞開心胸傾聽，與別人產生連結。我們忘了自己的立場，透過他們的眼睛瞭解世界。

產出型：我們連結至更深的層面，一個比我們更大的東西。這種體會很難描述；它具有「世界以外」的特質，在那裡事情會緩慢下來，我們會完全處於新事物展現的當下。

娜丁‧麥卡錫（Nadine McCarthy）是愛爾蘭的企業輔導員。在 2006 年她還是實習輔導員的時候，她負責的客戶是愛爾蘭一家龍頭企業的執行長。根據這名執行長的整體表現回饋顯示，她的領導力很優秀，但放鬆和無壓力工作的能力很差。參與娜丁的培訓期間，執行長找到了這項低能力的主因在於對於自己和別人高標準而不切實際的期望，以及投入非常長的工作時間所造成的壓力。執行長擁有優秀的領導特質，但娜丁驚訝地聽到她說「我沒有一件事做得好，也永遠不可能做好。」娜丁記得在培訓期間她對自己越來越失望，精神無法集中，因為自己無法幫助客戶感到沮喪。她愈是探究和提問，執行長似乎愈感焦慮。

「那一刻我突然明白，其實我在傾聽自己說話，而不是客戶。我在聽自己腦海的聲音，擔心我如何能幫助她，質問我是否為好輔導員，懷疑她現在怎麼想我，看來我真的只是一名實習輔導員。」

在混亂當中，娜丁想起執行長好幾次提到父親的事。娜丁決定從這條線索著手，但這次她決心不只傾聽話語，更要全心注意客戶的坐姿、呼吸方式和臉部表情。

「我維持這樣的做法，只聽她說話，直到我覺得我的每個部分都在傾聽，相信下個正確步驟會出現。當我用這種方式傾聽時，她所說的每個字彷彿都在發亮，我可以用心靈的眼睛看見。接著我聽到她說，她只是需要學習放鬆。」

娜丁接到這個暗示，引導客戶透過想像，讓她的身體和心靈都放鬆下來。漸漸地，客戶的表情柔和了下來，呼吸也變得緩慢。稍後淚水湧現在她眼裡，她開始回想起關於父親的深刻記憶。她描述第一次收到大學學位成績的經驗：「我拿到 2：1（二等一級榮譽）學位，心情好得不得了。我回家和父母一起慶祝。父親開香檳祝賀時說了一句：『真可惜沒得到一級榮譽！』」這位執行長說完這些話以後停住，驚愕得陷入沈默，然後她看著娜丁眨眨眼並搖起頭來，她終於得到新的洞察，瞭解自己 26 年來如此努力不懈的原因。娜丁反思道：「當我臣服於不知道並真正傾聽，輔導過程中真的發生了奇蹟。」

產出型傾聽擁有和世界古老文化一樣悠久的歷史。我們可以從世界最古老的土著文化、澳洲的原住民身上學習，他們利用靜坐、傾聽、觀察和等待學習。他們稱之為「大低禮」（dadirri 音譯）。來自澳洲北部地方戴利河（Daly River）的藝術家和部落土著長者昂甘梅爾 - 鮑曼（Miriam-Rose Ungunmerr-Baumann），形容這個特質為「內在深層的傾聽和安靜、靜止的察覺。」[78]

「大低禮認清我們內在的深泉……重要的部分是傾聽……體會大低禮的當下，我又再完整了一次。我可以坐在河岸邊或者穿過樹林；就算身邊親近的人已不在人世，我還可以在這沈靜的察覺中找到內心的平靜。那裡不需要言語。我的部落不因寂靜感到害怕，他們完全怡然自在。他們已經和自然的寂靜相處了數千年之久。」[79]

挑戰假設　　　　　　　　　　　　　7-5

Challenge Assumptions

> 「藝術的宿敵是假設。你知道自己在做什麼的假設，你知道如何走路和說
> 話的假設 你說的「含意」對接收的人而言是同樣含意的假設。」
>
> ——劇場導演安妮・鮑嘉（Anne Bogart）

　　來自巴基斯坦、31 歲的摩賓・瑞納（Mobin Asghar Rana）接下沙烏地
阿拉伯一家大型日常消費品企業的管理部門銷售工作。他知道自己正在新的
領域冒險。「我需要採取不同的做法，並大膽讓它成為個人和專業生涯的樂
趣。我認為我的信仰也讓我擁有質疑「未知空間」的力量。我喜歡聖經裡關
於鳥的寓言，牠們不擔心下一頓飯的著落。這表明儘管有所擔心，但還是有
自然的基本信任。」

　　摩賓成長的競爭環境一向鼓勵對事業和人生懷抱探索的心態，雖然他很
習於進入未知，但仍明白此次的挑戰有所不同。他在新的國家，不會說當地
語言，而且他發現要管理一群新團隊。

　　「我很緊張，但我想新的同事應該更緊張。我們多數人都習慣和擁有相似
風格和文化的人一起工作，並且已有先入為主的想法，認為非我文化族群的

Hell 地獄

GO LEFT

向左走

GO RIGHT

向右走

Heaven 天堂

人可能無法理解我們。」

摩賓發現團隊對他的文化持有的成見十分棘手，尤其是有些人堅信阿拉伯文化優於南亞文化。「這些信念來自多年累積的經驗，因為大批工人階級的體力勞動工作都來自於南亞，」他說明。「要他們把我當成上司，不是合乎社會和文化規範的事。」他了解這些假設在行使專制政權的環境下不可能改變。他決定和團隊現有的「知道」共處，明確指出這些假設加以挑戰，並以一對一的方式與團隊建立友好關係。

懷疑如果積極利用，能夠幫助我們挑戰自己的假設和信仰，將更細微的灰色地帶引進黑與白壁壘分明的世界。看見另類選擇，我們就能擺脫常規路線的束縛，開創之前不受注意的新契機。關鍵技巧在於注意我們何時做假設，承認假設並「懸置」（suspension）它直到可以提出問題。這種暫時的判斷「懸置」稱為「置入括弧」（bracketing）。不要做假設，我們對所說的事情保持開放心態並提出更多問題。

完形治療師喬伊斯（Phil Joyce）和心理治療師希爾斯（Charlotte Sills）以升職情況作為舉例。[80] 我們或許想說：「恭喜，那真是太好了。」但是如果我們先把此事「置入括弧」一下，問當事人對此事的感受，我們或許會得到意外的回答「太可怕了，我的經理辭職了，現在我工作量倍增，又沒有加薪。」或者我們問「你感覺怎麼樣？」我們或許會聽到：「我一直想辭職很久了，這正好是我需要的助力。」

挑戰權威和專業　　　　　　　　　7-6
Challenge Authority And Expertise

「我們的懷疑自由來自於 早期科學年代對抗權威的掙扎。 這是非常深入且劇烈的掙扎。」

——物理學家理察・費曼（Richard Feynman）

　　本書的第一章以維薩留斯的故事作為開場（見 24 頁），現在我們再回到那裡。西元 1537 年，對維薩留斯來說是學習豐收的一年，他加快學習，以不到一年的時間完成醫學學位。畢業以後，他立刻被聘任為外科和解剖學教授，當時他才 23 歲。這份新工作讓他大部分時間可以專注於自己最熱愛的事物——解剖和詳細探究人體的各個部位。他第一次在 1537 年 12 月的公開解剖所做的筆記記載，對於此次開創性的做法有深入的見解，象徵後來變成挑戰蓋倫主義的開端。

　　這是帕多瓦大學史上頭一遭醫學教授打破了傳統。維薩留斯降貴紆尊，親手拿著解剖刀，與外科醫生和示範者分工合作，開始解剖一名 18 歲男性的身體。按照當時慣例，他先剖開腹腔、然後是胸腔，移至頭部和頸部，然後是腦部，最後是末稍部位。有些時候，他會用解剖的狗作為比較，後來這也成為他教學的特色。但是這次解剖最驚人的事，不是維薩留斯願意弄髒自

為什麼思考強者總愛「不知道」？

己的手——照字面上來說，而是他決定在過程中經由自己的觀察形成自己的判斷，而不是完全依賴蓋倫的經典。他的筆記記錄了詳細觀察和解剖期間的做法：「我認真考慮解剖分析或許可以用來確認推測的可能性。」[81]

維薩留斯在帕多瓦大學的首次解剖標記了不凡生涯的開始。自此種子深植於他的核心哲學，形塑了現代解剖學的發展——也就是拒絕接受過往的權威，除非經由自己的研究和學習證實合理。[82] 接下來幾年，他的詳細分析被視為當時規模最大的解剖研究。他的研究揭露了更多蓋倫的錯誤，並更堅定了蓋倫並非絕對正確的觀點。他提到「蓋倫的描述……並非總是一致。」[83] 維薩留斯發現很多相互抵觸之處，包括人類的胸骨由三段肺節組成，而不是蓋倫聲稱的七節，以及肱骨（上臂骨）不是身體第二長骨，而是第四。他不再是蓋倫這根深蒂固權威的忠實信徒。

維薩留斯的開創性做法，無論學生或學者都深表讚賞，但是當時頑固的蓋倫派人士批評他大逆不道，認為他只是一台拿著手術刀的解剖器。雖然他吸引了過百名群眾，多數是年輕人，參與他的公開解剖，比較保守的觀眾還是會因為他的教學方法嫌惡地離場。[84] 維薩留斯做出了最大創舉，他明白了蓋倫並非根據人體解剖，而是根據猴子、豬和山羊的解剖取得結論。因為羅馬時期不允許解剖人體，蓋倫只好利用解剖動物的方式了解人體。

維薩留斯只花了二年時間，展開對於蓋倫成就的全面挑戰。為了向學生說明蓋倫曾犯下多大的錯誤，他舉辦講座，對動物和人類的骨骼進行比較，說明其矛盾之處。他讓學生有機會利用自己的觀察檢驗蓋倫的論點，並形成自己對人體的判斷。他接著花四年時間，根據自己的研究和發現寫了一本詳盡的解剖書。書名為《人體結構七部書》（The Seven Books on the Structure of the Human Body），一般稱為《人體構造》（The Fabrica）。於 1543 年出版的《人體構造》，完全切斷了和蓋倫傳統的聯繫，並開啟了維薩留斯以自

主觀察和探究為基礎的解剖學創新路線。

維薩留斯為醫學專業開發了一條新路線，並且影響了後代無數科學家的成果，包括 300 年後達爾文的演化理論。帕多瓦也成為歐洲最著名的解剖殿堂，其大學迄今仍因研究和教學的思想自由備受讚揚。

維薩留斯為了看見新的東西，面對既定知識必須閉上眼睛。有時候我們必須將現有認定的知識擱置一旁。我們必須挑戰世人長久視為真理的假定知識。這種刻意「擱置」現有認定知識的做法，能夠讓你「彷彿」沒有既定知識般地探索。這樣我們可能會有所發現，並可能挑戰我們以為是真理但其實只是「時間性真理」、在某個時期被視為真實的觀點。

英國作家和經濟學家赫茲（Noreena Hertz）在 TED 的演講專題「民主化的專業知識」（democratizing expertise）中，力勸我們準備且樂意挑戰專家、質疑證據、假說和潛在的疏忽。她提倡創造一個管理分歧意見的空間，在此可以擱置和辯論專家想法。這也需要一種環境，容納具有分歧、不一致和異端看法的知識，但鼓勵重點不在表達專業，而是切磋目前最棘手的議題。

提問 7-7

Question

　　「如果我有一個小時解決問題，而我的人生取決於那個答案，我會先花 55 分鐘思考適當的問題。因為如果我知道真正的問題，不用 5 分鐘我就能夠解決問題。」

——阿爾伯特・愛因斯坦

　　史蒂芬：記得有次我在北倫敦和一名禪師會面。慈眼禪師（Master Ja An）（或是她的波蘭名馬林諾斯卡（Bogumila Malinowska））是留著灰褐色頭髮的瘦小女性。她的禪學中心也是她居住之地，她打開門親切地招呼我。在走廊上我差點被一台腳踏車絆倒，而且似乎有蠻多的鞋子在那。「我兒子的，」她邊解釋邊抓著腳踏車，以免它倒在我身上。「和青少年住的禪師也會這麼凌亂，」我感到釋懷地想。這一切好像都很平凡。在我敲門前，我還在揣想著禪師應有的作為。沒想到她才剛辦完事趕回來，還氣喘吁吁的。「請不要拘束，」她帶我參觀佛堂。看起來像個起居室，有明亮的木頭地板，二排坐墊面向另一邊的佛像。房裡一側的窗戶可以看見整個北倫敦。我注意到廚房門上方有一張照片，上面是國際觀音禪院（the Kwan Um school of Zen）的歷屆禪師。畫面右邊是將禪學帶至西方的崇山禪師（Seung Sahn）。

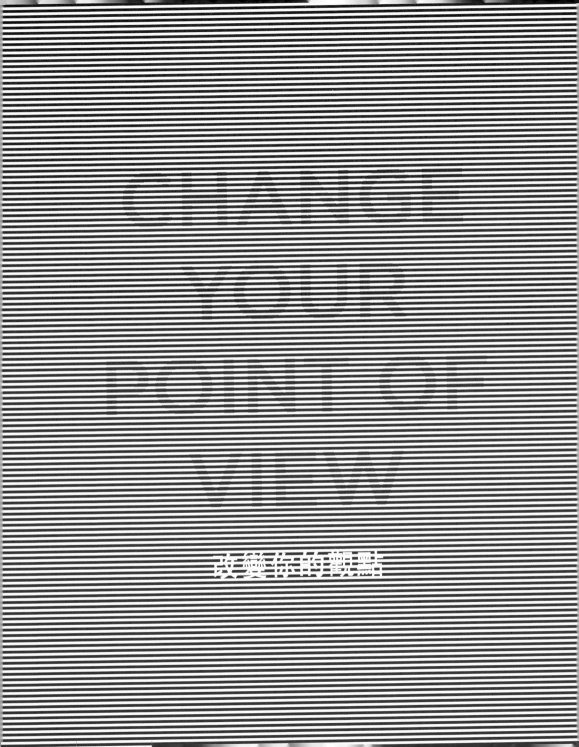

CHANGE
YOUR
POINT OF
VIEW

改變你的觀點

「禪的本質是什麼？」我問。她回答：「讓自己體會⋯⋯不知道。做自己，不假裝是別人。你要了解這是一個過程、永不停止的過程。時時刻刻我們必須重新學習，我們必須非常清楚和處於當下，不對自己和別人持有任何意見或批判。」

我喜歡這種非言語、基本上是處於當下的方法的教學概念。但我知道在禪學中，教導這種狀態的方式通常是透過公案，使用語言超越語言。公案是學生反覆咀嚼的字面聲明。我知道那個著名公案「一隻手鼓掌是什麼聲音？」所以我問慈眼禪師「你記得自己的第一個公案嗎？」她看起來陷入沈思，試圖在回想著。或許因為多年來累積了很多吧。在禪宗傳統中，大約有超過1,300 個公案。

「為什麼天空是藍的？是我的第一個公案（禪語），發生在一次與其他學生和崇山禪師的訪談中。利用公案，你可以探究得更深。他們不是用來找答案，而是探索這個公案在你的生活中發揮什麼作用。有些人因為西方的學習方式，覺得很難接受與答案無關的事。人人想要達到某個成就、拿到證書或得到認可。他們總是問『我要做多少練習才能開悟？』，『我要花多少時間成為大師？』他們很難由理性的詢問轉移至本能的詢問。我記得拿到第一個公案以前，我的禪師說『你必須敲地板。』我不知道為什麼他要我這樣做，但我敲了地板。現在世人需要知道他們做事的「原因」。他們想要實現、擁有一個答案。一般而言，我們生活中獲得答案的方式就像收藏家。但禪更像是咀嚼答案的功課。」她問我想不想試一個公案。

我放下筆記本。突然間感到很不自在。我不再是抄寫員、觀察者，而是學生。慈眼禪師撿起一根小木棒，看著我的眼睛。「禪的意義是了解自我。你叫什麼名字？」

突然間，我覺得很不安，我的呼吸變得急促，有一點紊亂。我被帶回採

訪的場景，我必須得到正確答案。一般來說，在那種場合出現的問題相當費腦筋，而我也能夠回應一個同樣理性的答案。

「你叫什麼名字？」這麼簡單的問題讓我束手無策。我安靜坐了幾秒，不知道怎麼回應。「我叫史蒂芬」我回答。「我不是問你的名字，」慈眼禪師堅定地說。「你叫什麼名字？」她再問一次。我的不安逐次增加。慈眼禪師重複這個問題，這次用比較溫和的口氣。時間似乎靜止了。我覺得這實在太蠢了，無法告訴她我的名字。我說：「好，我可以說什麼都不是，或者說是某個東西。」而她回答：「如果你說什麼都不是，我會用這根木棒象徵性地打你 30 下。如果你說是某個東西，我還是會用木棒打你 30 下。」

我的感想是，要不是 2012 年那次我人在倫敦，她會使用那根木棒，而非只是象徵性說一說。明白我在掙扎，她讓我讀一段文章。裡面描述雲如何來來去去，以及它們並不存在。再一次，她問我「你叫什麼名字」「我真的不知道怎麼回答，」我回答。

她忽然用手拍打地板，發出尖銳的聲音。那是無言。問「你叫什麼名字」不是想幫我找到答案，而是去體會不知道的當下。我聽到她用手拍打地板。我的思緒即被打斷。取而代之的是無言。我用來形容的任何字眼，甚至是「空無」都是謊言，將某事置入無言。在這個時候，我發現自己一口茶都沒喝到。突然我們看著時間，那是慈眼禪師練習開車的時間到了。在禪師迅速變成駕駛課學員之際，我向禪師致謝，自己走了出去。

巴契勒（Martine Batchelor）是在韓國當了十年比丘尼的禪學老師，她鼓勵我們與問題合而為一。建立提問而非回答的練習，意指專注於問號而非字的含意。如此我們才能創造面對當下的開闊空間，放下對於知識和安全感的需求。[85]

提出我們已經知道答案的問題，只是加強我們知道的事情——提供立即的滿足感。如果我們不見得知道答案，我們往往會接受第一個產生的答案。持續進行問題而不選定第一個答案的話，會破壞和諧、讓人不安，一般職場也不鼓勵。疑惑和不確定感越高，答案會變得更有吸引力。保持提問會培養我們的容忍度，增加我們處理未知的能力。也讓我們更了解事情的經過和我們可能擁有的選擇。

歐洲之星（Eurostar）是通過英吉利海峽海底、往返英法之間的高速鐵路營運者。這門複雜行業擁有許多未知數，例如航空機位（歐洲之星的主要競爭對手）的競爭成本、人事和營運費用、未來未知的競爭對手，以及替代旅行的興起，例如視訊會議。史蒂芬曾與歐洲之星執行長彼卓維契及其管理團隊共事，尼古拉斯描述培養同時看重提問和回答文化的困難性。

「當你從上層一路往下看，多數的中、高級主管都是專家。他們非常了解自己領域的知識。有時候我發現他們過於強調細節、行話和試算表。創造不知道文化的其中做法是鼓勵他們退一步不看細節，而是去感知自己和自己的決定。例如問『如果是我自己的錢，我會做嗎？』，『如果我是顧客，我會想要嗎？』的問題。」

我們可以帶著好奇心、其他的看法和意見探究，對於差異和各種可能保持開放心態，並建立一個分享困境和疑慮的平台，進而發展出對自己和工作環境提問的方向。我們可以選擇獎勵好奇心和提問，而非加強依賴答案。

為什麼思考強者總愛「不知道」？

Chapter

8

黑暗中縱身一跳

Leap in the
Dark

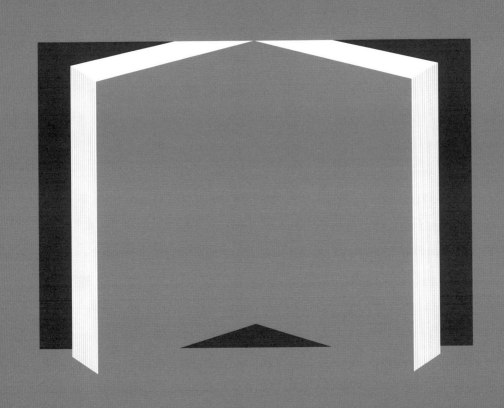

「活著是一種不確定的形式，不知道接下來會怎樣或會怎麼辦。當你知道怎麼辦的時候，你開始漸漸凋零。藝術家絕不徹底知道。我們猜測，我們可能會錯，但我們在黑暗中一跳再跳。」

美國舞者和編舞家艾格尼絲・德米勒（Agnes de Mille）

即興創作　　　　　　　　　　　　8-1

Improvise

　　領導改革和領導眾人是即興創作的過程，就像爵士樂演奏。我們需要全心投入，處理當下情況無法預測和變動的本質。這表示要接受任何時刻存在的可能性，隨時準備丟棄計畫。

　　即興創作源自於拉丁文 improvisus，意指「沒提前看到。」即興創作者採取遊戲的態度對待人生，因為喜歡而參與某件事，得到其中的樂趣。他們開放並欣然接受給予。墨爾本的一人一故事劇場公司（the Playback Theatre Company）的演員亞歷克斯・桑斯特（Alex Sangster）這麼解釋：「如果有人向你丟球，而你接了，那代表遊戲開始。遊戲進行中，可能發生神奇的事……如果你無法全心投入，你就無法全心接受給予。可能性不會出現，也無法實現。處於未知是意想不到的解放和刺激。」

　　亞歷克斯經常發現有人誤以為即興創作是即席捏造事物。但事實上，即興創作是從知道結構開始。就像偉大的爵士樂手，我們必須先知道過程中的模式和儀式，才能夠放開一切即興創作。

　　結構有助於設定疆界，創造實驗空間和產生創作過程。我們一旦了解了規則，就可以拋開計畫、脫離樂譜，「讓河流順流而下，」爵士鋼琴手傑瑞（Keith Jarrett）說。

對電影工作者安娜・貝克曼（Anna Beckmann）來說，偉大的電影來自於技術和神秘力量的結合。「電影製作過程中，不知道的部分是其中最刺激且很可能最豐富的元素，」她說。

她舉瑞典導演柏格曼（Ingmar Bergman）為例，對他而言，寫作和導戲絕大部分是不確定和無意識的過程。他曾公開承認，多數有意識進行下的作品都以難堪的失敗收場。還有其他導演將不確定和神秘元素當作感性和理性結合的方式，安娜認為這種過程幾乎是每種藝術過程的基礎。「我認為感性和理性之間的張力、神秘和熟悉的矛盾，是多數好電影的能量來源。我們被未知的情況、角色和場景吸引，但是在我們被帶往精心製作的電影路上，某種文化或共有的東西又讓我們彼此產生聯繫。」

安娜描述柏格曼經歷的電影製作過程，刻意在確定性結構和混亂、不確定的創作元素之間的邊緣進行。「在創作劇本的過程，他先掙扎於內心某些不確定或未知方向，然後他會試著透過人物塑造和敘事手法解惑或探究。」

柏格曼形容創作劇本的過程是直覺和才智的合作：「我在黑暗中丟一支茅。那是直覺。然後我必須派軍隊進入黑暗找到那支茅。那是才智。」

柏格曼利用最終「滴水不漏的」腳本和製作的技術層面作為即興創作的基礎。他既可以掌握可控制因素，又能夠保持開放態度，準備與演員進入不確定的領域，允許出現不可預測、自發性元素，讓他得以創作出安娜所說的「貫穿整部作品不可言喻的魔力。」

當代導演和劇作家李（Mike Leigh）更積極看待即興創作過程，他完全欣然接受電影製作過程的不確定。看他的電影你會很清楚地知道，他和演員進入了沒有明確創作思路的過程。如此成就了電影深刻的真實感，反應了我們真實日常生活的不確定特質。「他先有一個核心想法，然後利用即興創作的過程，開始和演員共同創作幾個月，充實故事內容和人物的細微之處，直

到電影最後完成，那是創作者、演員和觀看者真正的探索行動，」安娜說。

跨領域藝術家、推動者和劇場導演瑞莎・伯瑞斯拉伐（RaisaBreslava）踏上劇場導演的旅程，採取直覺跳入未知，然後逐漸形成為人熟知的創作《膽小鬼》。這是一人故事劇作，由曼納（Vincent Manna）在 2013 年 9 月於倫敦演出。瑞莎從未導過舞台劇或與一人演員合作過，這次她深入體驗即興創作。她沒受過劇場導演的訓練，也沒和演員合作過。沒有額外受訓的她，決定直接邊做邊學。

「我探入虛無的空間。找到有興趣和我合作的表演者，於是我們開始運作。如何和演員共事，其實沒有普遍認定的守則，如何做藝術也沒有規則可循，你只要開始做，然後邊做邊學，所以我就做了。真是又可怕又刺激──我要做什麼？我要怎麼做？我不是導演，我只是和一個男人在一間房裡的女人。一個想要透過劇場媒介熱情創作的女人。」

瑞莎很確定一件事──她依賴表演者本身創作作品。藝術家即是作品內容。他能夠展現脆弱，並透過脆弱成為瑞莎能夠信任未知的依靠，獲得觀眾的共鳴。她沒有慌亂，反而在排練中接受當天所發生的任何事。「如果演員覺得很僵硬，激動和束縛，我尋求包容那份束縛的方法，而不是置之不理，也不是創造可以解脫這種束縛的技術，或是逼迫演員超越它。我就是把束縛視為藝術素材。」

有時候她來開會什麼都沒準備，也沒有計畫。「我會走進那個空間，那個演員會來。在排練開始前的第一時刻充滿了未知。會害怕這種虛無的任何部分的我，都很不喜歡待在這裡。我想要逃離、不去信任，而任何自我厭惡／自我限制的信念，都在這短暫的未知中立即顯露出來。」

引導瑞莎的是對於過程的深厚信念和信任。她不斷追隨感覺有機的東西，讓過程自然地演化，不規定完成作品的樣貌是受到限制和控制。

瑞莎也遵循著她開始擔任導演的方式。她不採取既有成見、預先假定、可預期的發揮方式。她想要透過了解自我和與演員的共同創作，拆解這個角色。「我想讓過程告訴我什麼可以、什麼不行。因此隨著角色的進行，我明白自己主要的任務是引導、持有並成為過程的容器，引導演員進入更深刻、更真實和更有力量的內心深處。」

對瑞莎而言，如果我們把每個時刻當作全新時刻，不因已知的熟悉感而漠不關心，當下即開展了新關係，一種無媒介的體驗和親密感。

藉由產生創造力和自發性的方式，我們能夠找到發揮角色和與人合作的新方法。我們可以朝黑暗中丟一支茅，作為預先打探的一方，確實掌握不知道的潛力，接著運用所需的技術能力和專業，隨著過程提煉、鞏固並讓直覺的跳躍鮮活起來。

建立多樣假設　　　　8-2

Generate Multiple Hypotheses

「華生，你可以看見每樣東西。然後，你無法理解所看見的事物。你太過膽小，不敢做推論。」

——夏洛克・福爾摩斯（Sherlock Holmes）

出自 1892 年《藍柘榴石探案》（The Adventure of the Blue Carbuncle）

道爾爵士（Sir Arthur Conan Doyle）的虛構偵探人物福爾摩斯，素以系統性做法解決犯罪謎團著稱。舉凡福爾摩斯經手的案件，假設一定是引導調查的關鍵核心。在《巴斯克維爾的獵犬》（the Hound of the Baskervilles）一書，福爾摩斯調查巴斯克維爾爵士（Sir Charles Baskerville）的死因。他一開始仔細觀察屍體，隨即形成二個假設：他不是被狗攻擊，就是死於心臟病發。福爾摩斯審視命案周圍環境收集資料。他神秘兮兮一個人待在洞穴裡並拜訪附近的村莊。他利用新證據形成更深入的假設——斯特普爾頓（Stapleton）為了霸佔查爾斯爵士的財產殺害了他。為了測試這個假設，他設計了一個有風險的實驗，刺激斯特普爾頓放出獵犬攻擊小巴斯克維爾。你可以找那本書看看後續發展。

福爾摩斯詮釋犯罪事實形成假設，但絕不接受第一次的假設為真相。他

為什麼思考強者總愛「不知道」？

繼續根據新的取得資料修改假設，並能夠持有多種觀點而不過份執著於某一個。某方面來說，福爾摩斯處理問題的方式，正好是「初心」的示範。他不侷限於先前的知識或案例，從每個細微末節處學習，對呈現事實保持開放態度──即便事實於過程中有所變化。

伯爾特醫生（Dr Thomas Bolte）是擁有年輕面孔的 51 歲現代福爾摩斯。來自紐約的伯爾特擅長解決醫學上的疑難雜症，堪稱是醫學偵探。他稱自己為「綜合型主治醫師」（comprehensivist），這位超越主流醫學的診斷者，專門解決眾人規避的健康議題。[86] 別人形容他是「斑馬獵人，」聽到蹄聲會追蹤斑馬的人，跟其他找馬的人不同。他向來以診斷無法診斷的病、接受別的醫生還沒解決的病例聞名，擁有 95% 的驚人成功率。

伯爾特體現福爾摩斯的構思能力，並能權衡各種相互衝突的證據解釋。很多人認為伯爾特能夠從全新角度看待每種情況，在不可能的地方、之前沒人發現的不可能之處尋找別人可能疏忽的地方，提出尚未被提出的問題。如伯爾特所言「我這一生太過古怪瘋狂，沒什麼事會嚇到我。」

在商業領域上，我們經常看輕診斷，只因我們一般人鼓勵立即行動。然而，當我們面對未知，既有的解決方針將不再適用。我們必須刻意創造可能性空間，透過診斷過程有意識地檢測事情發生的經過和可能性──觀察並收集資料，做出一連串詮釋，如同伯爾特和福爾摩斯眾所熟知的做法。

發明稅務軟體 Quicken 的 Intuit 公司，是少數支持實驗領導和假設決定的企業。[87]Intuit 創始人庫克（Scott Cook）說明，他們不採取一般的做法，依照主管的意見做決定，而是強調讓眾人根據自己的假設和實驗做決定。[88]

Intuit 的精實實驗循環是從一個想法開始，例如印度 Intuit 公司開始著手建立新事業，企圖改善印度貧窮農民的經濟狀況。他們的目標是提高 10% 的農民收入。一旦提出想法，團隊隨即開始尋找重要但尚未解決的顧客問

　　　　　　　　　　　　　　　　　　　　Chapter 8: Leap in the Dark

題。他們全心投入農民的生活，深入了解問題，其過程即所謂的「深厚的顧客同理心。」

他們發現其中一個問題是，農民不知道作物要賣給那個通路才能拿到最好的價錢。這似乎是 Intuit 的好機會，他們認為可以建立一個系統通知農民當日最好的批發價格，以及提供的經銷商是誰。然而，他們不採取許多公司的做法，在這時直接補充「解決方案，」Intuit 在過程中多加了幾個步驟。

接著是「加強信心」，團隊做出一系列假設。以印度農民為例，團隊需要測試的假設包括：

· 足夠的經銷商與 Intuit 分享價格
· 經銷商信守提供的價格
· 一般不識字的農民可以看得懂
· 因為 SMS，農民會改變作為
· 農民會察覺他們獲得更好的價格
· Intuit 能夠提供賺錢機會
· 收入將超過成本。[89]

庫克解釋，發現機會和發展假設的 7 週以後，印度人開始測試他們的假設和進行一系列的實驗，包括：

· 預試 15 家農場
· 資料收集測驗
· 農民成就測試

- 推廣通訊測試
- 替代作物測試
- 價格測試
- 廣告測試
- 外包銷售測試

　　這些實驗會帶動決策，因此他們開始以基本型智慧手機通知農民當地各家批發商的價格，並發現這個做法奏效。再做了 13 次的實驗以後，結果顯示農民報告其農場收入提升了 20%。庫克解釋：「現在對一個貧窮農民來說，對他們多數人而言，差別在於孩子上不上學的問題。不過這門事業，只要是老闆，包括我自己，都會拒絕。」[90]

　　福爾摩斯總是從屍體著手調查。既然他不知道死因，他提出各種假設，包括看似不可能的因素。只要出現新訊息，他會立即納入辦案考量，一邊進行一邊做調整。假設避免讓福爾摩斯太快做出結論，如我們先前所知（見 Part I），當我們到達知識的臨界邊緣，如此做法是對我們不利的習慣做法。

　　Intuit 的例子顯示一家企業如何採用不知道的做法，進入新市場和測試新產品。建立一套需要清楚說明假設的經營系統，讓員工有自信進入未知，因為他們內心已經接受了未知。文化已經建立，形成未來觀點的過程不再政治化（例如「這將會是個好市場」）。在多數組織裡，成員提出一種想法並盡情地鼓吹，對學習過程很不利。這些只是一時的想法、最好的猜測、暫時的解釋，而不是確定的答案或解決方法。當我們覺得需要主張某個立場時，我們就有證明它是對的既得利益。假設的好處在於不需要既得利益的答案。與其支持一個可能的解釋或模式，團體關注的是盡可能多蒐集一點資料並加以證實或反駁。重點是發現和修正，思考所有看似合理的假設，直到發現新證

據讓我們淘汰一些假設。

　　不過我們多數人不在這樣的環境裡工作。迅速提供結果的巨大壓力也許證實了投入時間保有和玩味一項議題的各種詮釋和觀點，是很不容易的事。提供思考問題而非解決方案的替代框架，會讓那些期望我們立刻給予答案的人感到挫折，甚至憤怒。這需要說明的勇氣。

匯集各種聲音　　　　　　　　8-3

Bring Diverse Voices Together

由貝爾（Alexander Graham Bell）於 1925 年創立的貝爾實驗室，可說是全世界最知名的創新科技公司，聞名的革命性研發項目不計其數，包括無線電天文學、電晶體、雷射和 UNIX 作業系統等。誕生了七位諾貝爾獎得主。於貝爾實驗室開始其職業生涯的策略和創新顧問黛比・斯科菲爾德（Deb Mills-Scofield），敘述她在鼓勵形成假設和測試的環境中工作的經驗。

「我在貝爾實驗室和 AT&T 的整個職業生涯，是一段不知道和發現的持續旅程──那是我們的業務。在貝爾實驗室，不知道意味著我可能會提出「為什麼這樣做可行／不可行？」的問題，並被允許去找到原因。不知道可能開始於沒有形成假設的問題，或是形成假設的問題，或兩者皆是，並且等著接受測試。你不知道答案是什麼──你恰好或完全不知道結果。其目標是去發現。」

貝爾實驗室的文化在跨領域實驗室裡開花結果。黛比可以和物理學家、心理學家、經濟學家、資訊工程師、技師和電機工程師等各類人才聊天。

「我上班的大樓，特別針對來自不同背景的人設計，讓彼此能夠隨機產

生火花，長形的日光走廊和中庭，供大家聚會聊天，或純粹當作辦公室以外的工作場所。在大樓這些地方行走、坐在戶外大池塘旁邊曬曬太陽，或是走到沒幾分鐘路程的海邊，有助於我建立更多問題、假設和實驗設計。我可以在辦公室聽音樂，或整天穿著睡衣在家工作。很多時候我會去博物館或畫廊，活絡我的設計思路。我不需要、也沒被要求要待在四面磚牆環繞的辦公室或大樓裡。」

跨越差異工作是革新和創造力的基礎；也是逐步處理難解挑戰的主要元素，這裡對於什麼是挑戰和需要做什麼改善工作，持有多種角度的看法。和別人對話成為前往未知旅程的必要步驟。

與對話不同的是，我們在這裡互相交換現有的看法，或許還主張各自的觀點，對話的過程涉及某些「暫時終止」狀態。留住時間考量別人所說的話，沒有準備好的答案。在這深刻傾聽的地方，能夠得到的反應是與平常習慣模式或慣例不同。這是一個可能發生更深層次的對話的地方。也許無法得到同意，但同理心和尊重是體現此對話的的先決條件。等到真正發生對話時，讓競爭最激烈的敵人能夠坐在一起，傾聽彼此。

加爾是以色列年輕人。在經歷全國最大的社會抗爭活動過程中，他決定利用不同種族、政治和社會改革團體彼此對話的力量。

他提到：「我們處於變動的時代，民眾無法再被忽視。今日的決策者無法繼續敷衍人民的要求，也沒有領袖可以假定自己知道人民想要什麼。」組織方面也是如此。我們每一個人，無論是什麼階級或角色，都能夠協助創造對話的條件。丹尼不是政治領袖，但他為了做必須做的事挺身而出。」

丹尼的使命感來自他組織的一個活動，他讓以色列和巴勒斯坦人圍坐在一起。過了一會，一個年輕人輕聲說：「我是巴勒斯坦人，來自鄉村。我曾經是救護車司機，現在和街頭上瀕臨危險邊緣的年輕人共事。我來這裡是因為我弟弟是自殺炸彈客，他殺了自己和 17 名以色列人。我想要阻止這類的悲劇事件再次發生。」稍後，出席者被要求分組配對時，丹尼走向那名年輕人，覺得有必要聽到更多他的故事。「我弟弟看見自己最好的朋友中彈，在學校裡被以色列人殺害。這件事讓他內心充滿憤怒和興起復仇的慾望。他漸漸接近一群讓他走入歧途的族群。」在那個當下，丹尼體會到對話和各種聲音匯集的力量。

丹尼不只產生把人聯繫起來的想法，還建立了他第一個非政府組織（NGO）──新興未來中心（The Centre for Emerging Futures）。他的目標是建立人與人之間的信任感，以人類為考量身份，而不是作為各自群體的代表。希望他們可以分享人道關懷和承認雙方的痛苦和苦難。

2011 年的夏天，「阿拉伯之春」（the Arab Spring）開始，中東蔓延一股抗爭風潮，由開羅（Cairo）至利比亞（Libya）、突尼西亞（Tunisia）。上萬人爭取教育和就業的基本權利，以及針對政府的更多發言權。那年夏天以色列同樣掀起了這股革命運動。人民不滿高物價生活、日趨嚴重的不平等和缺乏政治領袖。當時一名年輕女性利夫（Daphni Leef）為了提醒大眾關注這些議題，在特拉維夫街頭搭帳棚表達人民的反抗行動，興起街頭抗議形式。不久之後，透過社會媒體和網路宣傳，數百人加入她的行列。數百座帳棚出現街頭，在同年夏天不到一星期的時間，五十萬名以色列人民上街頭遊行吶喊「社會正義」和改革納坦雅胡（Netanyahu）政府。丹尼將這些活動當作是社會運動超越抗議、轉為和解形式的機會。

2011 年 9 月 10 日週六，丹尼在以色列舉辦了最大型的市民對話。超過萬人——阿拉伯人、猶太人、正統派猶太教徒、來自俄羅斯和衣索比亞的新移民、定居者、來自以色列 30 多個城市的左派和右派人士——齊聚一堂參與對話。

如同之前進行的巴基斯坦和以色列人的對話，尊重是基本原則，每個人都表達他們是誰，為何選擇來參加聚會。一千張圓桌用來象徵出席者人人平等。數百名志願引導員將重點持續放在肯定性問題，例如「什麼是你想改變和願意負責的事？」媒體報導了部分最精彩的對話，這些意見被回饋給政府作為影響政策之用，所以民眾可以知道他們的聲音被聽見了。但主要是行動本身——和陌生人坐在一起——是當晚最重要的成就。

丹尼反思對當晚的感覺：

「不知道的感覺就像是站在懸崖邊緣，知道跳下去完全是荒唐的行為。你知道一直以來發生的事帶給人民悲慘的生活。但接收新事物是冒著一切風險前往未知的一步。當你身在其中，害怕的聲音會阻礙你。我學到在這些急迫情況中不斷傾聽自己的身體。我聽自己的心跳。我知道心跳劇烈時，它告訴我必須行動。已知的部分是我們無法像過去那樣繼續生活。我們不需要知道未來如何、是什麼或為何。我只需要踏出那一步。」

接受有意義的風險　　　8-4
Take Meaningful Risk

「緊緊含苞的風險比綻放的風險更大時，表示時機成熟了。」

——作家阿內絲·尼恩（Anais Nin）

　　作家和旅遊作家尼克·索普（Nick Thorpe）過去習慣鞭策自己按時完成工作，規範他想要的人生。然而當他年近中年，壓力開始提出了警訊。索普習慣書寫至新地方旅遊的故事，有天早上他很困惑和害怕，因為工作過度的精神崩潰讓他陷入未知的精神領域。

　　「我如往常一樣屈身伏案，生龍活虎地趕赴交稿日期，突然間，我沒辦法打下一個字，」他記得。「我的手不聽使喚。這對一向做事全力以赴的人來說，是個很恐怖的經驗——因為他終於明白單純的意志力無法維持長久。這有點像石油。我的剛好枯竭了。」

　　然而即使在那個時刻，當他毅然前往未知領域時，尼克的恐懼還混雜著一種類似解脫的感覺。「基本上我投降了、沒趕上幾個期限、讓有些人失望。但如果我要避免完全的崩潰，我必須停止逼迫自己行動，冒險嘗試別條路。」

尼克開始他現在所認為的精神追求。渴望接觸能夠教他怎麼停止嚴格掌握生活確定性的人和情況，能夠稍微放手。「剛開始我有點按照字面上的理解去做。我去崖邊縱身一躍，在雙翼飛機機翼上玩自由落體。我很快開始嘗試用情緒和社交方式放鬆，包括扮小丑、裸體主義、和參加各種工作坊，鼓勵自己比平常習慣的更脆弱。」

尼克不知道冒險的結果是什麼。回首一看，他認為這是他人生中最豐富和最具突破性的一年。他學會更相信生活並活在當下。他也跨出重大一步，領養了小孩。

尼克思考他之所以能夠承受這些風險是因為他有基本的安全底線。他知道自己有可靠的安全背帶，可以安心在機翼上行走，或知道有個沒人會指指點點和開玩笑的規範可以體驗裸體，由此他也明白，兒子只有在確定安全的教養環境下才能夠成長。

尼克承認有時冒險看似艱難的挑戰。「我在八歲兒子內心深處看到它，就像我們多數人一樣。我們有時候是渴望安全者，有時候是冒險者，我們非常自信可以像成長的孩子一樣突破疆界，看看會發生什麼事。但如果我們的錯誤、我們所謂的失敗、我們不知道的時間僅是成長的一部分呢？」他問。「我注意到等我能夠相信時，我不再恐懼，我幾乎對任何事情保持開放態度。」

瀕臨邊界時體驗的焦慮和害怕也許有事實根據，因為未知是可怕的地方，在那裡我們的認同、舒適性和利益飽受威脅。是否前進是無法等閒視之的決定。我們每個人必須評估我們在其中運作的環境、情況需求、我們的容忍度，以及我們可以獲得多少支持，以此確定我們準備承受的風險程度。

探索　　　　　　　　　　　　　　8-5

Explore

> 「人一定要在同意已經看不到岸邊好久以後，才會發現新土地。」
>
> ——法國作家安德烈・紀德（Andre Gide）

　　非主流電影奇才沃特斯（John Waters）是劇作家，也是代表性影片《奇味吵翻天》（Polyester）和《髮膠明星夢》（Hairspray）的導演，他還有《雜碎天王》（Pope of Trash）的稱號。在 2012 年 5 月，他展開為期八天橫跨美國的搭便車之旅，由家鄉巴爾的摩（Baltimore）前往舊金山（San Francisco）。留著像原子筆畫的標誌性小鬍子，掛著「我不是神經病」的紙板標語，他勇於置身寂寞公路，將生命交付給陌生人，讓他們帶他至最後的目的地。這個故事最終成為一本書叫《暈車》（Carsick），也許未來會成為他某部電影的劇本。

　　在 15 次搭載經驗中，他遇過 81 歲的農民，一對來自伊利諾州（Illinois）的夫婦，後來有個開雪佛蘭跑車的年輕共和黨市議員，在大雨滂沱中讓他上車。他認定沃特斯無家可歸很可憐，一路開了四個小時的車載著他從馬里蘭州（Maryland）至俄亥俄州（Ohio）。後來他太喜歡沃特斯，又和他在科羅拉多州（Colorado）的丹佛（Denver）會合，載著他開了

為什麼思考強者總愛「不知道」？

1,600 公里、22 個小時到內華達州（Nevada）的雷諾（Reno），然後再與他在舊金山碰面並留宿。[91] 在巡演期間的布魯克林獨立搖滾樂團 Here We Go Magic，最後在俄亥俄州 70 號州際公路的某一段路上載到他，他們在公路出口斜坡上看到他時大吃一驚，他頭上帽子寫著「地球的敗類」。[92]

在《紐約時報》的專訪中，沃特斯提到他被一股「沈浸於風」的需求牽動而降服。「我的人生太多安排好的行程，」他說：「如果我放棄控制會怎樣呢？」[93] 讓人意外的體會是「有時候不知道人生要帶你去哪裡的感覺很恐怖。」

28 歲的澳洲海洋和極地探險家布雷（Chris Bray），是 2012 年《澳洲地理》雜誌評選的年度青年探險家，和沃特斯一樣，他渴求體驗新事物。

「做一些人類從未做過的事或去過的地方，有一種很特別的感覺……這不只是個人的全新體驗，讓人更有警覺和活著的感覺，而是知道我是「第一個」這件事，加強了整體的敬畏感，明白未來任何事都可能發生……踏入未知的不確定感將整體經驗提升至全新焦點層次，加強我所有的五官感受，並要求我完全活在當下。這是永難忘懷的體驗殊榮。」[94]

不知道是一種讓人生值得活著的興奮感。試想我們每天在完全同樣的時間醒來，在同樣的情況、遇見同樣的人，接受同樣的挑戰和機會。電影《今天暫時停止》（Groundhog Day）探討過這個概念，喜劇演員莫瑞（Bill Murray）飾演氣象學家菲爾‧康納斯（Phil Connors），一而再重複開始一天的生活。雖然剛開始他得意於知道別人的反應，並從勾引女人和犯法中得到樂趣，但最後他變得不安、無聊和易怒。他甚至無法自殺，每天早上醒來，就像收音機固定時間播放的曲調重複運轉。

就算在可預期的世界裡，菲爾還是和一個無法掌控的人的關係有障礙。他最終明白，認識和操弄她只會讓他不滿並無法工作。後來即使可能知道當天的情況，他利用選擇重新創造自己的一天，學習新技能如冰雕和鋼琴，踏入未知。

實驗 8-6

Experiment

美國前總統羅斯福（Franklin D Roosevelt）於 1932 年 5 月 22 日週末，在奧格爾索普大學（Oglethorpe University）對畢業生致詞的經典名言，如今仍在美國政治圈裡傳頌：「如果我沒誤解國家的特質，國家應該需要並要求大膽、持續性的實驗。取得方法並進行嘗試是理所當然的事：如果失敗就坦白承認，然後再試另一種方法。總之就是試試看。」[95]

80 年後，在 2012 年民主黨全國代表大會上，歐巴馬總統（Barack）引用這段話提出：「我們要多花幾年時間解決累積數十年的難題。這需要同心協力、分擔責任，以及羅斯福總統在面對唯一比現在更重大的危機之時所追求的某種大膽、持續性的實驗。」[96]

羅斯福和歐巴馬總統的演說，在政治分歧的兩邊都激起了評論家負面的反應。當時擔任紐約州州長的羅斯福，被《紐約時報》批評他太過溫和和缺乏明確性，連他的顧問豪（Louis Howe）也說這是一種可怕的愚昧。[97] 歷史現在證明羅斯福的奧格爾索普大學演說是其職業生涯的轉捩點，象徵開始採用實驗性做法處理 1930 年代經濟大蕭條的問題、施行新政，以及在他第一個任期內通過的一系列方案。因為這種實驗性做法，眾所皆知羅斯福總統有時候會提出多種計畫、有些還彼此自相矛盾，因此氣壞了他的幕僚和顧問。

對政治領袖而言，談及實驗不是很尋常的事。有位領袖平靜承擔了全世界最難解的挑戰——毒品，他是烏拉圭（Uruguay）總統穆希卡（Jose Mujica）。在 2013 年年底，他通過大麻合法化法案，稱它為「一項實驗。」

　　這個故事意義重大，因為是很罕見的例子。雖然社會學家做過大麻合法化效應實驗，卻很少有政府真的付諸實行。沒有一國政府讓大麻合法化——烏拉圭是第一個——拉丁美洲的測試案例。其目的是宣布「反毒戰役」失敗，並且嘗試別的做法，藉此破壞販毒集團的商業模式和顛覆其所造成的暴力和破壞。

　　也許事情並非出自偶然，因為穆希卡素以儉樸、適度的生活方式聞名，他的薪水 90% 都捐給了慈善機關。世界上最貧窮的總統的說法在部落格社群流傳甚廣。他被認為是哲學家，真實的革新主義者。擁有強烈的目的性，穆希卡儘管面對多數人的強烈反對，仍是大膽進入未知領域探險。

　　穆希卡接受此類大膽實驗的相關風險，準備視需要改變方向：「就像任何實驗，自然會有風險，我們必須明白，如果對我們來說它們太難以承受，那麼我們必須回頭。我們沒必要成為狂熱份子。」

　　面對實驗做法，常見的第一反應是抗拒，尤其是規避風險的人。金對 Energeticos 公司管理部門的人建議丟掉組織圖（見 156 頁），引起驚人的反應。如果他們不知道誰隸屬於他們，他們要怎麼管理他們做的報表？彼得另一個離譜的建議引發了更多反感——拋棄角色和職責。經過幾小時辯論其利弊以後，彼得建議他們「試試看三個月。」這成為 Energeticos 公司改變過程的標記。實驗變成改變範例的最好方式，幫助別人相信新的管理做法。

　　「實驗是擺脫我們想要控制過程或期望具體成果的能力。」實驗中沒有「一個」做法，而是有多個做法可以拿來測試解決現有的問題。組織一般來說會規避風險，也沒有足夠的耐性做實驗。投資必須取得立即成效，不能造

成任何痛苦或花費。然而研究顯示，鼓勵實驗的公司，相較於沒有這種觀念的公司，更容易創新和成功；經常做實驗的團隊也會比起其他團隊表現得更傑出。[98]

歐洲之星為人熟知的特質是對於試驗想法很開放。這必須在有限範圍內進行，因為企業擁有眾多員工、乘客和關係一切順利運作的程序，一點小改變有時候會是很大的挑戰（也可見 218 頁）。因此不強調大改變，反而鼓勵員工想一些他們可以嘗試幾個月的小事情。例如，歐洲之星決定為商務車廂的旅客提供車上的預定計程車服務。這個想法大受歡迎，現在已成為一般性服務。執行長彼卓維契說明：

> 「我們剛發起這個想法時，我們有眼光，但沒有到位的物流服務可以實行。『這絕不可行，』很多人這麼跟我說。然而我們做了試驗。我們在進行中學習做調整和改善，直到做對為止。人類經常不習慣從嘗試和實驗、包括失敗中學習。他們想要先有解決方案。形成實驗文化的重點在於讓各級主管先參與。他們必須確定你不會半途而廢和放棄，因為這關乎他們在其部門的信用。沒有比虎頭蛇尾更嚴重的事了，因此我們要繼續學習和改變。」

加強實驗導向而非解決問題有許多好處。實驗心態讓人得以自由嘗試，不用覺得凡事都要指望他們決定和行動。可以同時進行的一連串實驗，讓我們必須特別留意什麼可行、什麼不可行。整體焦點可以放在來自於實驗的學習，以及所學知識的散播。

黛安娜：我有個朋友珍・哈里森（Jane Harrison）喜歡形容自己為亭鳥，總是收集著片段知識、經驗和關係，恰如亭鳥在巢中收集色彩鮮豔的東西。

珍身兼數職，是藝術家、劇作家、原住民藝術老師，也是政府政策官員。她說自己是「所有行業的珍。」她是反專家論調者或是法國人類學家和民族學者李維斯托（Levi-Strauss）所謂的「雜工。（bricoleur）」

雜工是專家的反義詞，利用現有事物的業餘人士，例如影集《百戰天龍》（MacGyver）的馬蓋先。馬蓋先藉由組合四周看似無關的片段物件，讓自己不管遇到什麼麻煩，都能擺脫危機。

雜工擁有異於常人的心態，在知道和不知道的邊緣做事，不斷即興發揮和自發性應對周圍環境。對雜工而言，過程和結果一樣重要。

欣然接受錯誤   8-7
Embrace Mistakes

「錯誤可以帶領我們走向邊緣 走向未知、尚未探索之地。」

——錯誤銀行約翰‧卡德爾（John Caddell）

曼戴爾（Geoff Mendal）是加州一家世界領先的網路公司工程師。他符合電腦工程師的刻板印象——內向、有條不紊和行事規矩。但他也熱愛美食到有時近乎狂熱的程度。所以他自己學做料理。剛開始他不知道自己在幹嘛，犯了很多錯誤。雖然俗話說熟能生巧，但以培養烹飪能力為目的的行為很快讓他覺得無趣。「反覆利用同樣的方式做同一道菜，得到同樣的結果，有什麼挑戰性？這不是說這麼做不重要，剛好相反！任何餐廳主廚會告訴你，老顧客期望的是他們點的菜，嘗起來跟他們最後一次來吃的味道一樣，不管什麼季節或可取得的材料品質，或是真正負責料理的廚房團隊是誰。」

這是每次用同樣方式做同一道菜的挑戰，傑夫說。需要有絕佳的技巧和功夫才能辦到。「這是情感上的挑戰。我知道我可以用同樣手法做一道過去練習過上百次的料理，並且滿足所有人的期望，所以何必呢？如果每次我都用同樣的方法做菜，我無法學習和改進什麼。」

等到傑夫決定正視烹飪這件事時，他去專業廚藝學校拿了一年的夜間課程。有天晚上，班上在同時準備幾種不同的醬料。他誤把自己料理台上準備的二種醬料原料混在一塊。等到老師過來觀察進度時，已經來不及了。他指出傑夫的錯誤，但告訴他還是繼續準備弄錯的醬料。或許那是值得學習的經驗。

「我預期結果會很可怕，其中一個醬料果然如此。但另一個醬料──現在我稱它為『黃金醬料』（Money Sauce）──變成驚人傑作。我帶回去讓妻子品嚐，立刻變成她最愛的醬料。她拜託我再做一次。但我沒辦法，因為我不記得實際做錯的順序。我只有應該製作的二種醬料食譜，雖然我試著調換原料和製作過程，但我還是無法複製我的錯誤，製作出我的『黃金醬料。』」

他花了三年多的實驗尋找原始錯誤，最後成功了。現在他可以重複製作那天晚上在廚藝學校不小心做成的神奇醬料。

傑夫承認剛開始他接觸烹飪和廚藝學校時，抱持的是工程師心態：了解並遵守規則，一定有很好的結果。然而廚藝老師告訴他，他如果堅持那種心態，永遠都無法成為偉大的廚師。這其中的挑戰就是要打破成規，在食譜只不過是未知旅程開始的空間裡悠然自處。「在當下做菜，完全意識當下發生的狀況和迅速適應變化是做出好菜的關鍵。拋開計畫對工程師來說很不容易。我不想用這種心態跨越工程師所建的橋樑。但對烹飪來說是必要的，也行得通。」

自廚藝學校畢業以後，傑夫和很多廚師成為朋友並一起合作，通常是大型酒席或慈善活動。他們因為擁有精湛廚藝、美味料理和好餐館，在業界頗具名氣且備受推崇。與這些主廚共事，傑夫注意到菜單計畫最多只是在活動

當天或前一天草草寫在一張紙上。有時候計畫並沒有交給負責烹飪的團隊，而只是在口頭上溝通計畫的某些部分。大部分工作都由廚師團在不知道的空間裡運作。原料的數量和範圍都經過深思熟慮——面對幾百人的盛大場面，沒有這樣的計畫根本無法進行。但一旦順序完成，確實製作料理的過程幾乎都在當下。完全替換菜色或採用與原先想像完全不同的方式做菜，是很平常的事。主廚不斷品嚐和調整正在準備的菜色。「最好的食物的料理方式是不要知道最後會如何完成，或是由味道主導當天的作品，」傑夫說明。

傑夫因為能夠承認並珍惜所犯的錯誤，他開放了很多以前無法想像的機會。這跟錯誤總是代表失敗和表現差的商業心態形成強烈對比。美國醫院護理部的研究顯示，如果用學習的精神看待錯誤，那麼可能會得到相反的結果。研究發現高記錄錯誤率和高認知部門績效、關係品質和護理師管理有相互關連性。成員能夠公開討論錯誤是能夠在第一時間偵測出錯誤的主要原因。[99]

在歐洲之星，建立從錯誤中學習的文化導向，已經被讚許為最大的商機。「或許人最需要學習的是接受錯誤。我發現人會監控自己，對自己和他人比任何企業政策還要嚴厲。我們致力於建立接受錯誤的態度和從中學習與成長，這是不知道的關鍵效應，」歐洲之星執行長彼卓維契如此說。

多產的革新者非常能夠接受錯誤。據說愛迪生（Thomas Edison）曾表示「我比所有認識的人犯更多的錯誤。最後我申請這些錯誤專利。」汽車廠商豐田（Toyota）公司以效率和高品質系統聞名，全世界的廠商都在研究它。豐田系統其中一環是維持例行會議，讓員工把自己的錯誤帶過來彼此互相學習。公司文化讓大家知道這麼做很安全。如麻省理工學院位元與原子中心（the Massachusetts Institute of Technology's Centre for Bits andAtoms）主任格申斐德（Neil Gershenfeld）所言，「缺陷是特徵——違反期望是改善它們的機會。」

早一點失敗 8-8

Fail Faster

2003 年 2 月 1 日，哥倫比亞號太空梭在重新進入太空時在德州上空解體，七名組員全數罹難。這次劫難的主因最後發現是一小塊海綿脫落時打到外部磁磚，在再度升空時讓熱氣鑽進太空梭主體引發爆炸造成。但這次災難也成為研究組織和團體失敗的著名案例。研究美國太空總署（NASA）文化的學者認為失敗原因與團體動力有關，例如缺乏傾聽、學習和詢問，以及挑戰權威的有限心理安全感。該文化仰賴資料導向的問題解決和數字化分析，並不鼓勵未證實的新想法和探索不完整又令人不安的資訊。[100]

問題不在失敗本身，而是對於失敗的態度。他們為了避免尷尬和喪失自信心，逃避觀察可能的錯誤。他們將精力集中在維護自己或現有的觀點，而不是對於現有系統可能發生錯誤的可能性保持開放心態。據說他們擔心過海綿打到太空梭的問題，但太空總署的高層花了 17 天淡化這個事實上代表嚴重問題的可能性，因此無法深入研究該問題。[101]

我們以成功和成就評估我們的價值，把野心當成榮譽勳章。我們往往對自己和別人期望很高，所以我們無法達到目標時會感到失望。事情成功時我們會居功，失敗時我們責怪別人。所以失敗經常會嚇到我們。如果「失敗不是一項選擇，」我們即偏離了方向。我們因為錯誤變得沮喪，看成這是對自

為什麼思考強者總愛「不知道」？

我價值的污辱，因為暴露了我們的無能。

我們對失敗的態度似乎是文化養成。由矽谷和創投事業所概括的美國企業文化動力，人人都嚮往。企業家公認以失敗為榮，這種態度可濃縮成商業創投公司的座右銘：「快一點失敗。」在一些圈子裡，如果你還沒開始事業並還沒失敗過至少一次，投資人也許不會信任你。這種接受和體驗失敗的態度是未來成功的關鍵。

不貶低失敗的西岸淘金熱，與美國東岸嚴謹的工作倫理不同。所有人嘗試在任何地方挖掘和移動，他們不知道是否會致富或金子的去向，看待失敗就像嘗試成功的正常部分。因為成千上萬的人經歷過這個過程，失敗的想法逐漸失去了攻擊性。我們可以在現今矽谷的企業界看到這個迴響，那裡嘗試失敗不會被當成負面的事。

美國設計公司 IDEO 的核心理念是「發展學習。」有答案之前先行動，鼓勵和表揚冒險和培養笨拙。有個故事說一名員工剛從生平首次的滑雪之旅回來，在會議上自詡三天滑雪都不曾跌倒。但沒人恭喜他，反而虧他是溫室中的花朵不敢挑戰。[102]

與其逃避失敗的痛苦，我們可以將重新架構失敗視為重要回饋、一次學習機會。正如自動引導的巡弋飛彈，從出發以後不斷尋找返回信息和自動矯正，我們也可以主動尋找回饋，讓我們能依此做中途修正。行走的過程我們鐵定會不斷失去平衡，每走一次就要修正、往前跌倒。企業家擅長從過程一開始就承認失敗的可能性，如此他們才能開始考慮所有選項、注意失敗點，一路準備做調整。

我們與其把失敗當成羞恥和懊悔的根源，還不如將它看成在複雜和不確定環境中運作可接受和無可避免的部分。不要期望一開始就做對，我們才能輕鬆站起來再試一次。

羅琳（J.K. Rowling）在哈佛大學的畢業典禮致詞中提到失敗是「去除不重要的部分。」這讓她不再假裝自己是誰，開始將精力放在最重要的地方，即是她的寫作。「我被解放了，因為我已體會最大的恐懼，」她解釋。如果她在其他方面成功了，她可能永遠無法有堅持寫作的決心。有時候我們需要失敗，才能了解什麼是最重要的。

為什麼不？ 8-9

Why Not?

> 「我聽你說「為什麼？」總是「為什麼？」你看事情；你說「為什麼？」
> 但我嚮往從不存在的事；我說「為什麼不？」
>
> ——劇作家蕭伯納（George Bernard Shaw）

得席爾瓦爵士（Gordon D'Silva OBE）在 2003 年建立了霍克斯頓實習
（the Hoxton Apprentice）餐廳，訓練數百名尚未錄用的實習廚師、服務生
和吧台人員。這會是英國名人主廚奧利佛（Jamie Oliver）「15」餐廳的雛
型。戈登也推動「生命教育訓練」（Training for Life），這家社會企業透過
社會投資、募款和辦活動的方式募集幾百萬英鎊。他們計畫讓超過 17,000
人返回工作和全職教育。

戈登早期曾幫巴納多博士（Dr Barnardo）孩童慈善機構做事，他必須
把非常弱小的孩童放在伯爵府（Earls Court）的宿舍，當時他差不多是六
年級。他說：「我記得我非常難過。我們需要輔導中心來幫助缺乏照顧的孩
童，但我們沒有錢。那是英國柴契爾夫人執政的時代，預算被削減了。這方
面根本沒有任何補助。我對自己說『媽的，我自己來籌錢』。」戈登透過仲介
和住宅協會，買了一棟老舊的維多利亞建築重新整修。這棟建築成為英國第

一家輔導中心；一個安全的中繼站。裡面有容納 10 個人的套房式房間，多年來提供了數百位青少年作為過渡空間。

在此階段戈登對非營利機構喪失了信心，他發現他們效率不彰，收入僅依賴捐款，所以擔負此重要社會責任的工作人員領的薪水太少。他決定進入房地產開發業。以他的說法，他成為「柴契爾夫人的化身，住在南肯辛頓（South Kensington）的頂樓豪華公寓，開著保時捷跑車。」他玩股票，輸掉很多錢。在這個利息高達 18% 的時期，戈登頓時債臺高築。他變得無法維持原來的生活方式，1992 年他破產了。他的母親才剛過世，這對他的打擊很大。「我覺得六年來我失去了自我，金錢和地位變成最重要的東西。我需要重新調整自己。我走進一段深入反省期，帶著背包旅行了六個月。儘管人生已是如此黑白分明，我必須找到灰色地帶，那個讓我成為我的自相矛盾部分。」

他回家以後，由一張白紙重新出發。當時歌手麥可‧傑克森（Michael Jackson）開辦了「療癒世界」基金會，正在找人擔任執行長。戈登應徵但被拒絕了，但因為他很少接受「不」的答案，他決定再打一次電話。他假裝剛看到刊登的職缺，詢問是否還可以在截止日以後應徵，他們說可以。250 名求職名單中他被列為最後挑選的前三名。然而就在他準備參加面試時，他們通知他獵人頭公司已確認他之前被回絕過，無法參加面試了。「我徹底地心灰意冷。我記得走在克利夫蘭廣場後面，靠近倫敦市中心的路易斯百貨公司附近。我的步伐加快，然後停止。感覺時間靜止了，我對自己說『媽的，我自己辦慈善機構。』」

戈登開始建立具有社會影響力、有利可圖又可永續發展的商業模式。「社會企業」這個詞當時還不是使用得很普遍。1995 年，他成立「生命教育訓練（Training for Life）」，取得廢棄不用的地點，將它們轉為教育和訓練弱勢青少年的地方。

在「生命教育訓練」關閉以後，他到了另一段出走的時期，這次在義大利，他買了廢棄的修道院，重整為復原、休息和個人幸福的空間，將它取名為「老房子。」（Legacy Casa Residencia）戈登在那裡召集高階主管，共同討論可以解決社會需求的議題。

「我真的相信要解決商業、學術界和政府機構所面臨的廣泛挑戰，我們必須團結並承認社會影響力能促進良好的經營發展。有時候我問自己『我為什麼這麼做？』我的答案一向是「為什麼不？現在有此需求，而且又沒有別人做。」

戈登並沒有陷入聽天由命和打擊當中，他反而看到拒絕和失敗中的可能性。他的「為什麼不？」哲學給予他勇氣行動，雖然他不知道未來會怎麼樣。

III 「負面」能力
Part III: "Negative" Capabilities

AMBIGUOUS CHALLENGES

不明確的挑戰

REQUIRE NEW WAYS OF SEEING

需要新的視角

扛起責任　　　　　　　　　8-10
Take Responsibility

　　珍妮弗・蓋爾（Jennifer Gale）[103] 是一家全球金融機構技術總監，在機構經歷大規模重組階段，很多人處於狀況未明之際，她一肩挑起所有事情。那是 2011 年，和多數全球組織一樣，企業界的各個部門仍可感覺到 2008 年金融危機的反彈和衝擊。公司在裁員，工作機會很少。企業必須節省成本，這表示得持續評估資源負荷量和重新檢討所需的交付成果。珍妮弗在組織內被賦予一個新角色，不過她發現曾經管理的團隊將受到成本縮減的衝擊。

　　珍妮弗花了很多年的時間投資這個人才庫。她和他們一起工作，協助發展他們的專業技能和開拓他們的經驗。她也看著他們找到另一半、開始組織家庭和在異地扎根。想到他們的才華、貢獻和對組織的忠誠，她發現自己無法坐視他們工作即將不保的情況。

　　「這變成選擇題：接受上級委託刪減百萬成本，抑或研究所有方法，看看怎麼做可以避免讓他們失去工作並對他們的生活造成後續影響？」

　　珍妮弗大可認為這不關她的事，不必理會這個問題。他們已經不是她的人了，也不是她可以保障的預算。她記得自己決心不再袖手旁觀的確切時刻。

「坐在那瞪著電腦，完全陷入面對眼前挑戰的痛苦中，在某個時刻，我確定自己無法忍受明知道這些人即將發生什麼事，而不設法做點事幫助他們保住工作。」

懷抱著這股新發現的重點和動力，珍妮弗開始從聯絡名單著手。以字母順序一個個有系統地進行，根據名單發送郵件、即時訊息和打電話，詢問他們是否有一些需要高階、經驗豐富人才的開放職缺。沒想到她的人脈發揮了作用。珍妮弗開始和招募主管安排會面，同時和可能爭取新工作機會的候選人談話。「不提他們的工作即將不保是種禮貌，因此我被迫完全依賴我的影響技巧，鼓勵他們對爭取職業生涯的新可能機會保持開放態度。然後冒著如果他們拒絕那些新工作機會，結果不知道會怎麼樣的風險。」

一星期後，在公司各個部門運作的結果，我終於確定了符合招募單位需求的有利人選，確定 25 個人取得了這些令人期待的新工作機會，這些職位對於他們個人的生涯發展非常有幫助。同時也符合了公司的預算目標。

「選擇負責不只對 25 個人的人生發生重大影響，我的人生也從此顯著不同，因為我知道我做了正確的事！」

9

在未知裡怡然自處

Delight in the Unknown

「我們學到過去

不是未來的好嚮導

我們永遠要處理意料之外的事。

有鑑於此，

組織需要的是

能在未知裡怡然自處的人。」

商業思考家和作家查爾斯‧漢迪

愚蠢與玩樂

Foolishness and Play

9-1

「愚者自以為聰明，智者知道自己愚昧無知。」

——威廉·莎士比亞

　　不知道答案還做決定肯定很愚蠢，然而有時候我們必須扮演愚者。在塔羅牌中，愚者一般被描繪成走向懸崖邊緣，準備往下跳的人。他提著一個袋子，裡面裝著旅程可能需要的全部家當。他拿著一朵花，象徵對美的欣賞，帶著一名部下和旅途使用的可靠工具。他面向西北方——未知的方向。

　　愚者是代表所有可能的原型，因此他是變通和靈活性的形象。愚者容易坐立不安但很聰明，不會坐享其成。他是冒險家、流浪者，知道何時該走、何時該留，但不知道要去哪裡。他的性格單純、開放、誠實和依照本能；我們可以把他想成自由的靈魂，跟隨自然而非事前規劃的道路。我們現代社會會說他「天真。」已故的英國畫家科林斯（Cecil Collins）形容愚者為「……生命本身的必要詩意集合，潔淨而毫無掩飾，洋溢著滿心歡喜；不是智力成就的產物，而是內心陶冶的創作。生命天賦的教養。」[104]

為什麼思考強者總愛「不知道」？

愚者的主要訊息是，過度謹慎並非好事。他要我們放手一搏，在旅程中抱持信任。如賈伯斯（Steve Jobs）鼓勵史丹福大學 2005 年畢業生的話：「不自滿於成功，繼續當個傻瓜。」

拉傑卜‧戴伊（Rajeeb Dey）是英國大學生就業服務網站 Enternships 的執行長、世界經濟論壇 2012 年全球年輕領袖中最年輕的成員，也是由企業家發起的企業精神宣傳活動「英國創業」（StartUp Britain）的共同創辦人，他認為保持愚昧在旅程開始時比較容易。如今他是有經驗的企業家，要踏入未知需要更多的勇氣。「對我而言，一切開始於一個始終困擾我的問題。我無法確切知道是什麼，但那是企業精神的第一個渴望——知道有事情不對勁，而我想知道自己能否改善它。」

拉傑卜待在牛津（Oxford）自己的房間裡，搜尋著畢業後各種適合他的工作類別。他的眼睛緊盯著筆電，同樣的字一直在他的眼前出現：「會計」、「法律」、「管理」。「知道在大企業工作代表閃亮、明確、成功人生的人，他們的閃亮、明確、代表成功的路已經建立好了。但我沒興趣成為某個大機器裡的小螺絲釘。我想要建立自己的王國。那條路在那裡呢？」

拉傑卜想到他曾為了課餘興趣與當地創業公司打過交道，那些公司更適合像他這樣的人——喜歡挑戰小而敏捷的團隊工作、從一開始做出重大改變，以及喜歡責任、職責和熱情的人。「明朗、年輕的創業公司肯定比大企業更需要機靈的年輕腦袋吧？這煩心的事很困擾我。我肯定能夠做點什麼。」

在此階段他唯一知道的事是他想要接受這個挑戰。結果這對拉傑卜的意義重大。「我想如果我真的想過必須學多少東西才能解決問題的話，我一定會被眼前的旅程打敗。在某個程度上，我在一開始就能夠非常明確。」鋪展在他眼前的未知空白感，表示他把設法解決的問題留在最前端，是他想做的每件事的中心。

擁有明亮雙眼的天真學生拉傑卜，把現有的事實——無法掌握所有資訊，必須邊做邊找方向當成好處。「涉入充滿未知的某件事，讓你保有原有的知識、任務的核心、一切的核心。維持事情的明朗化。」與此同時，如果開始他知道幾件事的話，創立新興公司 Enternships 的過程也會變得更有效率，更少波折。「我的重點不是支持盲目投入某個計畫，但不了解要怎麼開始，絕非如此。只是身為企業家，正如任何人開始面對看似極大挑戰的時候，找到擺脫恐懼的方法非常重要。」

　　拉傑卜不再奢望能夠以學生時期的美好天真進行一項計畫。遺憾地，他表示，自由跳入未知不見得每次都適用。但是儘管不同的責任、眼前的課題和待辦事項層出不窮，他還是確定會持續問自己——「如果我對此一無所知怎麼辦？會剩下什麼？我在設法解決什麼問題？我為什麼要解決？」「這仍是我做事的指標，我也希望永遠是。出發時，眼前的未知讓人容易變得勇敢、縱身一跳。如今已知開始滲入，勇敢似乎變得更困難。但最終而言，一切還是在於釐清任務和剛開始的幾個問題。只要在前端保持如此，你可以承擔任何事情。」

幽默感

9-2

Humour

邊緣的生活很容易變得非常嚴肅，這是很自然的事。畢竟面對未知、裁員、疾病，或因為工作的危機而失眠，都不是開玩笑的事。可是矛盾的是，幽默感和輕鬆的態度可能正是這種情況需要的元素。

在工作環境中，大笑經常沒被當一回事，說好聽是因為玩笑話和辦公室幽默，可以讓上班時間過得快一點。說難聽一點，就是逃避痛苦、無法承受情況「重力」的愚蠢、不恰當行為；當然不適用於商業的嚴肅性。

來自都柏林的正向心理學家約瑟夫‧基瑞（Joseph Geary），認為最適合自己培養幽默感的方式是學習成為一名獨角喜劇演員。他認為自己和一般喜劇演員不同，那些人自小就被誇獎「自然好笑」。「說實話，從來沒有人這麼形容過我，但這絕對無法阻止我讓自己出洋相的決心。至少以笨蛋來說，我算是很誠實。」

約瑟夫旅行過一段時間以後，在倫敦定居下來，進入肯頓（Camden）的喜劇學校就讀。開學前一週，學生必須講述人生中最糗的經驗。「我承認這個練習會測出我們有多願意為了誠實和取悅大眾捨棄自尊心。一開始我很興奮，因為我覺得自己的自尊心很容易掌控（我們愛爾蘭人自小就被訓練要捨棄自尊）。我有信心能夠深入挖掘並裸露一切，這裡只是打個比方，不要誤會。」

然而，輪到他第一次表演時，約瑟夫開始害怕了起來。他懷疑陌生的同學會不會跟他一樣，覺得他的失敗也沒什麼。「我開始講年輕時的越軌行為，我如何「半失去」童貞（這裡細節就不贅述，留給你一晚上的困惑）。不過我對這些陌生人說故事時注意到我脫離了自己的感受。我脫離了他們的評判，保留了一點自尊。」要是觀眾太把他當回事怎麼辦？約瑟夫疑惑著。而且，有可能和嚴肅看待人生的人一起生活嗎？他要如何幫助他們看到好笑的一面？

這個課程激發了精神覺醒（不然就稱為「崩潰，」約瑟夫說），而且還變本加厲，因為喜劇老師要他想想人生中所有熱愛和厭惡的事。約瑟夫再次確定他需要暴露真實自我、他對人生的熱情。「而那就是關鍵所在。為了讓其他人看見好笑的一面，我必須成為「說話的魔術師」，以熱情誤導他們。我在裝酷和隱瞞自己有多熱愛和厭惡世界，因為我不想讓觀眾陷入不安，但不安才是必要的元素！身為「路人喬（約瑟夫的暱稱）」根本不足以使他們混亂。」

為了確實達到「讓世人有美好感覺」的目標，約瑟夫明白自己必須開始展現脆弱和不安。他發現當觀眾一開始感到不安，即代表完成了笑點的鋪陳。神經學家拉馬錢德蘭（VS Ramachandran）提出的假警報理論可支持這個觀點。讓我們看看靈長類的表兄弟例子，他們也會難過或疑惑，因為探索環境而感到焦慮。猩猩看到蛇很害怕的時候，他們會本能地尖叫，警告鄰近的同伴，然後對方也會加入尖叫行列，藉以提高警戒。不過，如果那條「蛇」最後被證實只是一根無害的木棒，猩猩會大笑，然後發出「假警報」訊號。同樣地，四周的同伴也會加入大笑，相互溝通彼此犯了一個可笑的錯誤。我們大笑是為了溝通很重要的訊息：「別驚慌！」

「所以當我們害怕於未知，別擔心，」約瑟夫向我們再三保證。「笑點就要來了。」

幽默感能夠化解困境，幫助克服鄰近邊緣時湧起的負面和不自在感受。因此我們別把事情看得很嚴重，何不效法約瑟夫的做法，將脆弱和不安做個轉換。成為我們可以笑自己、嘲笑遇到的狀況、輕鬆看待人生的地方。這種態度也在小丑性格上體現。

瑞士一名領袖顧問雅尼克·寧克（Annick Zinck）多年前完成了一項行動研究計畫「不安的年代，領導者要向小丑先生學習什麼？」（Whatcan Mr Leader learn from Mr Clown in unstable times?），涉及遊戲、扮小丑和領導力之間的交叉領域。最後的成果是「領導實驗室，」她和小丑表演藝術家葛瑞德（Tom Greder）共同發展出結合小丑藝術和領導力的過程。

「小丑在自相矛盾中怡然自得、玩弄曖昧，在未知裡創造另類選擇。小丑練習是利用實做、感覺和實驗學習的機會，和主導職場的其他認知學習做法不同，」雅尼克說。她指出，一般領導者尋求技術性現成答案處理難解問題，但只要他們善用小時候的經驗和培養自己的小丑性格，就可以學到這些技巧。」

好奇心和創造力 9-3
Curiosity and Creativity

「我沒有特殊天分。我只是有強烈的好奇心。」

——阿爾伯特·愛因斯坦

　　史蒂芬培訓的俄羅斯創作藝術家、企業家和頂尖歐洲商業學院的註冊組副主任瑪麗亞·尼可拉蘇瓦（Maria Nekrassova），讓好奇心成為日常的鍛鍊。

　　「凌晨五點；我在哈薩克機場排隊，剛出差回來很累，又覺得無聊。為了避免睡著我開始四處張望，同時注意到有個女孩穿著一雙很高的高跟鞋。我笑著想：凌晨五點穿高跟鞋？她一定是俄羅斯人。我開始觀察別人的鞋子自娛，試著猜想他們的國籍。在她旁邊的人穿著美國人喜愛的老式運動鞋。我觀察他一陣子，然後看到隊伍旁邊是一雙柔軟的麂皮皮鞋，沒穿襪子。外面氣溫是零下 10 度，風格又如此鮮明，所以聽到義大利話的時候我笑了。我很喜歡這條集合不同風格的隊伍，所以偷偷把它拍了下來。」

為什麼思考強者總愛「不知道」？

瑪麗亞注意周遭新奇的狀況、細節和事情。為了方便記憶，她拍下照片，存在電腦上取名為「新奇事物」的資料夾。內容可能是裝飾品、公告，或街道上獨特的雪景。有時候她注意到別人創作的事物，例如圍牆或建築物的陰影，覺得與建築師產生了聯繫，好像彼此分享了同樣的秘密。

有時候只是日常生活中路上凸顯的特殊情況和視角。「我很少覺得自己創造了什麼，我只是注意到。所以當有人說我很有創意時，我覺得有一點慚愧。我所做的事是觀察、不是創造，任何人都可以做到。如畢卡索（Picasso）所言，『好的藝術家複製，偉大的藝術家偷竊。』我編輯照片，讓想法更清楚——我重新編排物件、剪裁照片或使用濾鏡，但以某種意義來說，想法從來不是我的，我只是注意到了而已。」

瑪麗亞的作品剛好補充這一點。她的好奇態度源自於相信世界擁有潛在的豐富性——世界提供了很多東西，總是可以注意到某些事。「我的好奇心資料夾不只是創意的來源。對我來說，它不斷提醒著我，我們周圍的世界是多麼美麗、好玩和豐富。只要你渴望玩耍和準備觀察，它提供了好多東西——大多時候純粹為了欣賞，沒想到任何特別目的。」

好奇心讓我們對周圍的世界保持開放心態。幫助我們用「新鮮的眼光」重新看待事物，我們可以在工作上建立重要的新連結、成功面對未知。初心是創意作品的關鍵，設計師厄爾本（Benjamin Erben）如此提醒我們。「身為溝通者、設計師，幾乎每個計畫我都必須讓自己由一張完全的白紙開始。通常我對客戶的領域一無所知：保險、音樂發行、製糖產業、汽車安全系統，應有盡有……這是我們的強項。我們提供無價的的創新觀點，我們的自信具有感染力。」

AND VULNERABILITY 和脆弱

BOLDNESS 勇敢

勇敢和脆弱　9-4
Boldness And Vulnerability

「自由取決於勇敢。」

——詩人羅伯特‧佛洛斯特（Poet Robert Frost）

接受未知需要勇氣。「未來也許不是很明確，但是領導者必須拿出勇氣做決策，」《金融時報》（Financial Times）副執行長班‧休斯（Ben Hughes）說。該報研發 FT.com 網路應用程式時，決定不透過蘋果（Apple）商店發行。這項決定不是為了避開蘋果三七分帳的營收模式，而是為了確保報社可以擁有和管控自己的資訊。這舉動可說相當大膽，畢竟當時蘋果可是應用程式的主流。FT 將自家 app 建於蘋果平台以外，讓 Android 平台也可使用。結果非常成功。班相信最後蘋果會尊重 FT 的立場——這在當時是很勇敢的行為。

「我認為管理階層的人必須示範勇氣，幫助員工在未知中成長苗壯。我會廣納建言，而且一定就策略性或重要決定方面尋求建議，但是一旦做好了決定，我必須展現出自信，包括在身體語言方面反映出來。這點在動盪時期尤其重要。」

班談到 FT 品牌是「自信」品牌，而非「傲慢」品牌。「我記得 25 年前進入 FT 時，當時我們是堅持己見的品牌。我看著品牌演變成一種風格和經典，但不是傲慢。我認為這需要決策的勇氣。」

FT 在此行業擁抱不確定的方式是實驗新興的業務潮流。FT 領導團隊必須提出大膽的決定改變經營和減少發行量，他們甚至不知道會導致什麼結果。會議業務是其中一例，這個擴展業務後來變得非常成功。FT 也收購數位和訂閱領域的新興公司，如理財媒體（Money Media）和高階人員任用（ExecutiveAppointments）。拓展奢華業務，打造專屬活動如「至摩納哥比賽」（Race to Monaco），以新奇的方式吸引讀者。結果該企業的印刷發行量雖然減少，廣告價格仍維持強勁。

有關進入未知，班聽過最鼓舞人心的演講者是登山者辛普森（Joe Simpson），他的事跡曾拍成電影《攀越冰峰》（Touching the Void）。「他面臨抉擇，往上爬還是掉進裂縫──進入虛無。掉進未知的大膽決定很可能會救他一命。我認為身為領導者也面臨這樣的抉擇，但絕不行無所作為或一切照舊處理。」

希米歐尼拿到團隊對自己的回饋時，被大家對她的看法嚇一跳──所向無敵、無所疑慮和恐懼、過於獨立和自信。她意識到自己不知不覺建立的這個形象，造成員工無法自立，而且還阻礙他們對其挑戰負起責任並進而茁壯成長。她決心召開小組會議，與他們一起討論資料。她讓自己成為會議焦點，並且給予員工討論資料的機會，讓大家開始對她有所改觀。該會議是漫長、艱難旅程的開始，安娜由此開始放下能力和掌控「防衛」，讓自己的團隊能夠轉換角色。看見她展現所有的脆弱和人性，能夠激發小組提升個人能力的力量。

「我不能說這些改變很容易。我認為最困難的部分是脆弱的概念，因為那時候我覺得自己很堅強，狀態又好，不容易受傷害。剛開始，我覺得我必須「演」脆弱，儘管我沒有那種感覺。那次意見調查以後，有段時間生活讓我變得很脆弱。現在我開始觀察自己，注意我什麼時候在自我保護，決心不讓自己豎起防衛。」

　　安娜展現了靈活的性格，類似於濟慈的「負面能力」，能夠接受喪失部分重要的自己（強勢、全能的部分），能夠重新改造自己成為更能接受未知的人。 與其將脆弱視為懦弱，它也可以是我們踏入未知的力量和勇氣來源。一項《哈佛商業評論》的研究顯示，見證他人擁抱自身脆弱的勇氣，很具啟發作用並能夠帶起正面的「滾雪球」效應。[105] 這項研究追蹤一名大型德國企業常務董事，當時他正致力於改變其指令型領導作風。他決定不再製造無堅不摧的假象，選擇承認自己目前的不足之處。他在 60 位高階主管參與的年度會議上站起來承認，他沒有所有的答案，請大家幫他做出必要的改革。

　　他的團隊認為他公然接受自己的脆弱，是很令人尊敬的勇敢舉動。結果企業的創新之舉和小組的自主性明顯地增加了，公司整體上更加蓬勃發展。 不過這些改變並非發生在一夕之間。在一個體系內，要擺脫別人認定我們的形象，讓他們重新對我們改觀，絕非易事，尤其是存在那些根深蒂固的看法。別人對我們有既定看法時，要改變角色是一大挑戰。世人會期望我們是可以預測的，如我們過往一樣的作為。希米歐尼發現因為她過往角色的包袱，大家還是堅持於她既有的形象，甚至在她改變行為時也是如此。她花了些時間和毅力重塑自己的角色，成為分享權力和與他人協力工作的人。

同情與移情　　　　　　　　　　　　9-5

Compassion and Empathy

　　如我們所知，在已知和未知邊緣，我們不得不面對各種不安、不愉快，有時候甚至是痛苦的感受。懷疑、焦慮、生氣和羞恥無預期地自動發生。未知在挑戰和質疑我們能幹和掌控的自我形象。面對自己的無能，逃避不自在的感受顯得容易得多，總比面對自己是漏洞百出的人類形象要好。

　　如果在臨界邊緣更注意自己發生的事，我們會變得更能接受自己不安、掌控、掙扎或無能為力的部分——我們寧可避免或假裝不在那裡的部分。那份意識與充分和無條件接受自己的缺點有關；與我們自身和我們的現狀、我們整個人和平相處，不只是我們喜歡和覺得自在的部分。體驗我們自身那些感覺笨拙的部分、那些還未完全知道的部分，自己需要欣然接受和能自我寬容。這需要自我同情。

　　同情和移情不同。它超越了站在別人立場思考的能力，主動接受自己和他人的感覺和經驗。

　　根據佛家師傅丘卓的說法，「同情不是醫者和傷者的關係。而是對等的關係。我們唯有明白自己的黑暗面，才能理解他人的黑暗面。唯有承認我們共同擁有的人性，同情才得以成真。」[106]

　　LinkedIn 執行長韋納經常談到同情是他核心的管理風格。他描述同情如

何需要放慢腳步，花時間真正聆聽別人的聲音。他認為有同情心代表了解人來自哪裡，關懷他們面對的掙扎和所背負的重擔。

史蒂芬：幾年前我參與一項培訓計畫，參與者被問及他們的人生目標。面臨「給我人生目標」這個要求的衝擊，我向輔導員求助，他建議我從更微小、切身相關的地方發想。不著眼於崇高的目標，例如在世間散播愛，我的目標變成「當自己陷入困境，對自己仁慈一點和更有同情心。」我們通常對自己比對別人嚴厲。我們不妨能夠承認，身為人類，我們絕對是不完美的，無法時時刻刻完全掌控所有事情。我們對自我同情的挑戰在於學習成為自己更好的朋友。

我們對自己顯露的同情，也會促使我們同情他人的苦難。人人都有各自的挑戰和困境，我們通常對此一無所知。世界聞名的克里夫蘭醫院（The Cleveland Clinic）最近拍攝的一部影片表達了這個觀點。該影片探討的是，倘若我們知道別人發生了什麼事，不管是好是壞，我們會如何對待彼此。[107] 這種同情的特質是聯繫我們的資源，但也因為我們更清楚了解別人的需要，進而帶動創造力和革新。

知識 和 能力

學習
和
創造力

沈默，耐心，懷疑，
和
謙卑

團結 9-6

Solidarity

III 「負面」能力
Part III: "Negative" Capabilities

「讓我們每個人 在別人生活中掀起一場支援革命。」

——作家和社運人士布萊恩・麥吉爾（Bryant McGill）

　　有時候我們最終得獨自面對未知，無法說出我們的恐懼、無法談論怎麼回事。我們處於邊緣時可能被奪去了聲音，拚命想要理解我們身在何處和到底發生了何事。坦雅・唐斯（Tanya Downs）向來認為自己能夠掌握人生的方向。然而在 2009 年年底，她被診斷出患了可怕的多發性硬化症（Multiple Sclerosis (MS)）。

　　「在此之前，我一直幫一位我暱稱為「混亂船長」的人全心工作。那是非常緊張的工作環境，尤其已經有三個人被裁，基本上我根本是一個人做三份工作。我做得好嗎？我還滿擅長應付混亂船長……雖然我很不喜歡。我熱愛騎自行車，也很愛上健身房，所以我擁有非常積極的工作和個人生活。」

　　坦雅的症狀幾年前就開始了，挾帶嚴重的暈眩和噁心感，以及刺痛和發

麻的症狀。等到她告訴家醫自己的發麻感已經遍佈全身時，她才被轉至神經科求診，醫師開給她劑量很重的類固醇回家服用。一直到她的眼球變得「搖晃不定」，坦雅才被送進倫敦圖庭（Tooting）聖喬治醫院的神經科病房。

「我回到病床，旁邊有個小巧的資料夾標示著『初診多發性硬化症資料』。然後一名輪值醫生出現，確定我得了 MS。突然間，所有我不斷在進行的事都不是我可以選擇或考慮的了。短短這幾個字讓我的人生瞬間起了變化。」

她問遍所有求診的神經科醫師她的預期結果會如何，沒有人能夠回答或暗示她的未來可能會剩下什麼。坦雅百感交集，一方面覺得釋懷，這些年經歷的奇怪症狀終於有了解答，一方面對於自己退化的情況又覺得心灰意冷。她離開了混亂的上司，擺脫緊張的環境，讓自己接近樂觀的人群。

「我被診斷出 MS 時，第一個來照顧我的護士對我說，『坦雅，你必須建立自己的支援網絡』，我隨即明白那是我真正必須做的事情。」

一開始坦雅進入 MS 社群網站，在論壇上和人聊天和搜尋各種相關的臉書頁面。可是過了一陣子她發現，這些團體都太沮喪和負面。她覺得一定還有其他方式，可以讓女人分享自己的情況和人生經驗，並且能夠聚集和支持彼此，她決定開始建立自己的網絡「多發性硬化症女性關懷中心」（Ladies with Lesions, LWL）。她的網站和臉書（私人）社群現在號稱在英國就有超過 1,200 名成員。因為這次成功的經驗，她繼續著手建立其他的支援團體，包括男人的支援團體「多發性硬化症女性與男性共同關懷中心」（MiSters and Ladieswith Lesions Together）和親朋好友及 MS 照護人團體的「與多發

性硬化症共處」（Living with Lesions）。地區性集會是 LWL 最受歡迎和最成功的特色。

「蛋糕、飲料和歡樂笑聲是我們集會的標準配備。我已經走遍全英國，從格拉斯哥（Glasgow）到卡地夫（Cardiff），到南安普敦（Southampton），當然還有我的家鄉倫敦。我常大感驚訝的是，那些出席者一般是足不出戶、非常寂寞的人，他們走出自己的保護殼，享受我們的社交活動——常常有人跟我說，LWL 提供了許多向我這樣的成員一條生命線，看見其中建立的友誼真是非常有成就感。我們還有一名成員把我們的標語刺在她手臂上——這是一種致意！」

坦雅深感榮幸並很高興能為其他 MS 患者做一點事。由此附帶的好處是，現在她需要幫助的時候，也有地方可以求助。

「我的 MS 還是困擾著我，但我有很好的醫療團隊，也在服藥延長我的病情緩解期。經過了幾年我明白了一件事，我曾經不確定未來會有多不確定。但現在我確定那非常不確定。我不知道未來會如何發展下去，但只要陽光依然普照，我還是要盡情把握時光。那是我僅能做的事。」

走在未知的荒蕪和疑惑時，自然會產生寂寞感。但我們不見得要獨自度過。不管我們是聯繫面臨類似處境的人，還是和同事一起解決複雜難題，當我們發現前進的路上有人相伴，面對未知會有更好的心理準備。

保持變通　　　　　　　　9-7

Fluidity

「隨性自然輕鬆行走，如同一條魚或能工巧匠，順流而下、順就紋理落刀。以自然為嚮導和朋友，生活變得幾乎毫不費力、平靜，甚至暢快。」

——作家約翰・布洛斐爾德（Author John Blofeld）

　　黛安娜：2014 年 1 月 14 日，墨爾本。外面氣溫攝氏 44 度（華氏 111 度），而且四年來都超過攝氏 40 度。我記得那一天，大概是五年前，許多澳洲人都無法忘懷的「黑色星期六。」2009 年 2 月 7 日那一天，記錄了澳洲史上災情最嚴重的森林大火，總計 173 人死亡，414 人受傷，2,100 個家園被毀，7,562 人被迫遠離家園。[108]

　　黑色星期六那天，氣溫高達攝氏 46 度，風速每小時超過 100 公里。大約 400 處林火在那天開始發生，多數隨著超過每小時 120 公里的風勢蔓延，焚毀了維多利亞省總計 1,100,000 畝的土地。災情最嚴重的地區是墨爾本西北部的林木山坡地，為人熟知的東基爾莫（Kilmore East）——默里丁迪區（Murrindindi area）。據報導，有些大火每 30 秒可移動至 600 公尺遠，發出的熱源足以燒死 400 公尺以外的人。火勢太過兇猛，以致於林木擴大燃燒 200 公尺，燃燒的餘火「飛彈」，從大火中衝高至 2 公里以外之

地，點燃其他火源。科學家估計森林大火所釋放的能量，相當於 1,500 顆廣島原子飛彈。[109]

史黛拉‧阿夫拉莫普洛斯（Stella Avramopolous）當時擔任基爾多南救助機構（Kildonan Uniting Care）的執行長，這個澳洲最古老的社區組織可以追溯至 1881 年。上任不到五個月的時間，2009 年 2 月 7 日那天她發現墨爾本西北方的可怕大火。她的丈夫是警察，聽到警察廣播知道了消息立刻打電話給她。她拋下一切，前往墨爾本郊區惠特爾西（Whittlesea）山腳下的基爾多南辦事處。她在那裡集合團隊出發至災難中心金雷克（Kinglake）。

「像這樣大事發生的時刻，很明顯出現了危機，你必須立即做出反應。我必須親眼看到災情，因為之前沒有人遇過這種狀況。這是非常時期。我跳上車前往評估情況。」

大火過後的那段日子，救援開始湧入災區，建立社區中心以提供難民緊急援助。史黛拉抵達金雷克時覺得自己好像到了戰區。到處有人驚慌奔走。大家都湧進了社區中心，這個唯一作為避難使用的社區設施。

「場面一片混亂，我目睹了一些不可思議的事情。小丑、發放聖經的人、發放救濟金的佛教徒、廣播台架設貨車、銀行架設帳棚、委員會成員和州政府官員爭論誰是中心負責人。社區成員一批批湧入中心，而且在眾人面前被告知自己家人死亡的消息。」

史黛拉在那裡和基爾多南的悲傷和失落諮商師貝爾納黛特（Bernadette）合作。她找到一張桌子、二張椅子和車上拿到的文件資料夾：

「我在資料夾上寫「諮商援助」，然後放在桌上。突然間有 50 個人過來排隊。我們記錄他們的名字、號碼和他們提供的所有資訊，如此我們可以開始建立資料庫，與他們展開談話。」

他們立即發展了一套初談評估系統，讓事情緩慢下來。「發生混亂事情的時候，你要回到原點——食物、庇護所、水、你的家人在哪裡……大家想要吃飽、穿暖、洗澡、談談失蹤的親人……你只需要聆聽他們需要什麼，一切都非常具體和直接。」

史黛拉到了晚上下山回到辦公室。她坐在辦公桌紙上規劃應變策略，寫著目標和時間表。她知道以基爾多南的核心能力，該組織可以提供三樣核心服務：個案管理、財務諮詢和悲傷和失落諮商。其餘方面她保持開放。「我在那裡留下問號，因為有太多未知。我們不知道需要什麼和過程中即將需要什麼。我們過一小時算一小時，過一天算一天。所以必須適應不斷改變的情況。」

如其他行政機構一樣，基爾多南必須在悲劇發生的幾星期內準備好政府新的「森林大火管理應變計畫，」因此事情變得更加複雜。沒人知道那代表什麼含意或呈現什麼型態。在三個月內，政府建立一份手冊的時間，基爾多南必須自行提出應變措施。

史黛拉明白她不能將整個組織投入大火復原和應變行動。多數的服務是依照政府部門訂定的嚴密合約進行。於是她聯絡出資人商量如何創意和靈活使用資金。隔天她隨即了解可以調整和無法調整的部分。

史黛拉雇用了 20 名新的個案經理人，所有招募都抱持一種靈活的心態，以開放的態度處理過去從未遇過的狀況。為了管理新狀況，她建立了單一的組織架構。自執行長以下的所有人都是基層工作者，傳統的階級制度不再適用。單一架構和回饋循環代表組織可以立即回應。「如果我的員工在早上 11 點出事，他們中午就可以回到辦公室。有另一個組織的工作人員做了不恰當

的事，他們花了三個星期才解決事情。在危機時期，這種應變時間太長了。」

權力下放的新決策規則讓組織所有人，讓基爾多南社區中心到總辦事處的辦公人員，在遇到未知的情況都可以直接做決定。如此打破了繁文縟節，讓現場工作人員可以自由獲取所需的資源。

每個行動和每項決策都會回頭參考組織共有的做法：
・非常時期採取非常措施。
・此情況對所有人都是全新的經驗，所有應對必須反映此點。
・維持堅決的合作態度，內外部皆然。
・保持彈性，尊重當地社區，保持專業。．

每天發生新的事情，情況有時一夕之間產生變化，所以溝通非常重要，這樣大家才能掌握最新消息。前三週基爾多南做了二次簡報，剛開始那一天和當天下午。史黛拉讓全體人員每天了解情況。他們自然對於新的狀況會感到不安，所以有一天史黛拉帶著五名成員一起搭車至金雷克，讓他們親自目睹情況。只要親眼看過就可以了解災難的大規模程度和基爾多南的做法。那時候組織有 65％的人參與了這次危機處理，在兩個月期間多雇用了43％的人力。

頭三個月史黛拉事必躬親。她不時造訪金雷克，和團隊並肩作戰。

「我必須由近距離掌控位置、關心社區和我的人員。等我們所有過程一切就緒，我就可以慢慢退居其後。」回顧那段時間，她反思：「情況就好比沒有準備降落傘就被丟下飛機。太可怕了⋯⋯每次去金雷克都會心跳加速⋯⋯太難以承受。但在飛行中，你藉由學習如何在倉促和混亂中自由落下⋯⋯事

實上等你做到了，事情會變得很平和、很有條理和清晰。我很快領悟到我必須在心理上讓自己處於這個充滿混亂的空間，並接受我不會也無法知道事情會怎麼樣的狀態。這讓我自在處在當下，回應即刻發生的事。重要的是我對組織的能力有信心。」

在混亂和困惑之際，史黛拉採用彈性、因地制宜和統一的做法帶領基爾多南救助機構。該組織非但沒有死命抗拒發生的危機，或試圖控制無法預測和難解的事，反而敏捷地應對變化多端的情勢，提供許多受害家庭關鍵的支援和服務。

反脆弱

Antifragility

9-8

> 「如果你的心智和筋骨，在它們死了很久以後仍受你掌控，那麼內心一無
> 所有的你請繼續堅持下去，因為你還有叫它們「堅持下去！」的意志力。」
>
> ──作家魯德亞德‧吉卜林（Rudyard Kipling）

　　喬恩‧懷特（Jon White）在阿富汗（Afghanistan）踩到一顆炸彈，當
時他無法選擇自己要斷幾隻手腳──炸彈幫他選了三隻。膝蓋以下的雙腿和
右手肘。喬恩在當下的選擇是「堅持下去，」堅持活下去。大腿動脈被切斷
的時候，實際上只有三分鐘止血時間，否則就會死亡。他的同事在二分鐘內
找到他，往他那邊清了一條安全通道，如此才能進行救命的急救措施。

2010 年 6 月 16 日星期三 05:40，阿富汗赫爾曼德，桑金（Sangin, Helmand）

　　「『巴克，過來，確定他們讓我睡著，拜託，巴克！』『我會的，別擔心，
你沒事。』他一隻大手放在我肩膀上，我需要見軍事長。直升機降落了，我稍
微鬆口氣，奮力地掙扎，止血帶深層的灼熱刺痛讓我快挺不住，他們帶著我
衝向開啟的艙門，我不記得誰抬著擔架。我進到裡面，手伸出去抓住帶飛行

帽的一個人。『讓我睡著，現在快點讓我睡覺！』我的頭在飛機起飛時歪向右邊，看見窗外的陸地逐漸遠離，放鬆了下來。」

2010 年 6 月 20 日星期天，英國伯明罕

「有光線、明亮的光線，一些移動的色彩和聲音，我確定是聲音。突然間變得很清楚，父親和小妹站在床尾。

『我們必須讓貝克絲知道發生什麼事，我記得她的地址，爸，給我紙筆。』

『我可以做得更好。』他離開房間，接下來我記得貝克絲走了進來，我好想她。她好不容易走到我左邊靠了過來，她的頭靠過來，對我說：『沒關係，我哪裡都不去。不管發生什麼事，我都會待在你身邊。』『既然如此，我們應該結婚。』『好，我願意。』我記得她抱著我，我不知道這個記憶有多正確，或關於意外的任何以上敘述，現在都變得有點模糊。都是傷口和嗎啡起的作用。」

這是爆炸後的第四天。喬恩發現自己躺在伊莉莎白女王醫院新成立的重症病房，知道自己幸運地活了下來。

接下來幾天都很模糊。他記得被餵食油膩的千層麵和薯條，他覺得很噁心。他記得從重症病房轉到 D 病房。他們幫他置入靜脈導管後他又覺得想吐。剛開始他連翻身都沒辦法，但漸漸地疼痛減緩了，他能夠做的事越來越多。喬恩記得第一次他們拆開腳的繃帶的時候。他預期看到的是縫縫補補的皮膚，可能有幾處結痂。但他看到的只能說是兩塊生的牛肉關節。他震驚得幾乎要哭出來。貝克絲跟他說沒關係，那很正常也是她預期的結果。「她很會說謊，她的話撫慰了我，」他說。

喬恩很快做了決定。他讓自己剩下二個選擇——「一死了之，」還是

「站起來繼續過日子。」

　　他選擇了後者，開始物理治療。貝克絲幫他買兒童的字母練習簿，因為他失去了主導的右手臂。等到他可以自己爬進輪椅，喬恩立即堅持每天早上吃完早餐後，自行下床、穿衣服和整理床鋪，並在訪客進來之前做一些寫字練習。

　　在病房的第二週，一位年輕的整形醫師安東（Anton）對他說，他的腿復原狀況良好，再二個星期就可以出院了。喬恩記下了這件事，隔週他跟主治醫師說他只剩一週就要出院。醫師大笑說他的精神真令人敬佩。幸運地，喬恩認識住院醫師珊蒂（Sandy），他哥哥在他一直服務的單位當醫務官。喬恩整個星期不斷跟珊蒂和病房護士說，他快要出院了。到了隔週查房的時候，喬恩辦妥了所有出院手續。他告訴主治醫師他只剩一晚，而醫師也同意了。

　　「我住了27個晚上之後出院了，帶著膝蓋以下截肢的雙腿和手肘部分截肢的右臂。那是實現預言的活生生例子。如果你有願景，你跟所有的人表達其確定性，那麼它就會實現。這是每個領導者最強大的工具，告訴他們有一線曙光，展示給他們看，就算那只是在想像之中，他們也會追隨你直到隧道盡頭。」

　　喬恩不只活了下來，最後還因為他的苦難而茁壯成長。他體現了哲學家塔雷伯所謂的「反脆弱。」塔雷伯形容反脆弱是「超越了彈性或強壯的層面。彈性抵抗衝擊並保持不變；反脆弱則變得更好。」[110]

　　歷經苦難以後，喬恩變得更加堅強。一年又三天以後，他收起了輪椅，從此不再使用。他學會走路、奔跑、滑雪板、划獨木舟，以及獨自駕駛未經改造的車子。他結婚了，當了父親，興建了像「宏偉設計」（Grand Designs）節目裡一樣漂亮的家，開始房地產開發事業。

911 攻擊事件以後，航空業是全世界最受衝擊的產業之一，因為乘客人數遽減，導致了股市重挫和巨大的財物損失。隨後的幾天和幾週內，美國所有的航空公司都在裁員，總共超過 140,000 人失業。但有家航空公司不畏潮流異軍突起。2001 年 10 月 8 日，西南航空執行長發表一項驚人聲明——「為了保障我們員工的就業機會，我們願意承擔部分損失，甚至股價。」111 航空公司推行明確的不裁員政策，引起行業專家一陣驚慌。911 過後針對全美前十大航空公司持續三年的研究顯示，西南航空是全美航空公司唯一一家在研究期間每季都有收益的企業。進行最大規模裁員（25％）的美國航空公司則走相反趨勢，每季都呈現虧損。112

　　研究顯示，西南航空從產業危機中復原的關鍵因素是對於員工確實的承諾。不管危機發生和其他航空公司順應的潮流，西南航空堅定自己以人為本的管理哲學，守住最重要的資產——組織的核心。

　　該航空公司沒有在危機衝擊下崩潰，反而建立了相關的儲備方案，讓組織蓬勃發展，這是反脆弱的完美見證。一名航空公司分析師註解如下：「他們做最擅長的事，也就是在艱難時刻發光發亮。」

後記——禮物
The Gift

如今我們攜手來到了旅途終點，還記得本書一開始拿到的精美包裝禮物嗎？你的決定是什麼——打開？還是維持原樣？

在賽姬（Psyche）與艾洛斯（Eros）的古希臘神話故事裡，阿芙蘿黛蒂（Aphrodite）交給賽姬幾項艱難的任務。只要她能完成任務，她就可以和愛人艾洛斯再次團聚。賽姬的最後一個任務是到地獄向地獄之后普西芬尼（Persephone）要一個香水盒子，盒子裡面藏有皇后美麗的秘密。賽姬說服了普西芬尼給她香水盒。但有一個條件——她絕不能打開盒子。儘管賽姬被要求不能打開盒子，她還是無法忍受神秘的折磨——她克制不了自己，一定要知道裡面有什麼秘密。從地獄返回途中，她打開了盒子，卻因此陷入昏迷。

姑且不談打開盒子的後果如何，賽姬的故事說明了我們想知道的慾望有多麼強烈。甚至可以超越理性造成悲劇。這提醒了我們，面對未知時我們必須抵抗多大的力量。我們的問題是，要如何應對不知道？我們接受它、加入它並充分利用它嗎？有時候停在不知道的狀態更有價值——讓禮物保持原樣。

不知道看似很難忍受，讓人感覺沈重、擔憂和不確定。然而，說不定那是讓無所不知的神明都會嫉妒的禮物。身為人類，就得忍受神秘、未知。我

們被賜予的禮物是好奇、驚嘆、興奮和可能性。或許到最後我們會發現，這是不知道真正要給你的禮物。

「或許等我們不再知道怎麼做我們真正的工作就此開始，等我們不再知道走哪條路我們真正的旅程就此展開。未經迷惑的心智無法受用阻塞的河流才會出聲。」

　　——《真正的工作》（The Real Work），溫德爾·巴里（Wendell Barry）

附錄

路是走出來的

The Path is Made by Walking

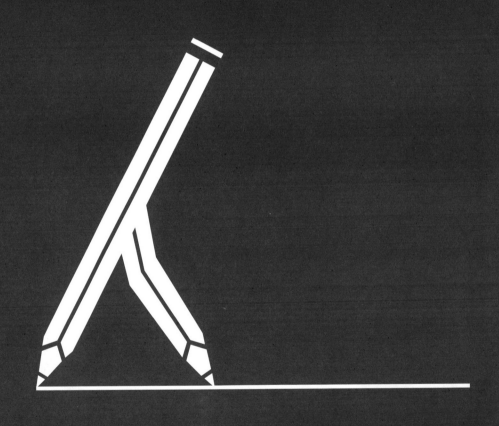

「敬啟者，我想盡
我所能懇求你耐心對
待內心尚未解決的一切
試著愛上問題本身如
同它們是上鎖
的房間或是外文
書。不要尋找現在
無法給你的答案，因
為你還無法讓它們存在。」
《給青年詩人的信》（Letters
to a Young Poet），萊納·瑪利
亞·里爾克（Rainer Maria Rilke）

活在問題中   1

Live The Questions

效法里爾克的精神，本書結尾我們想要邀請你思考伴隨一生的問題和能夠嘗試的實驗。我們想鼓勵你不要尋找答案；總之還不要這麼做。相反地，我們鼓勵你創造靜止、詢問和反省的空間；進而培養面對工作或生活的不確定和疑惑時，更加處之泰然的能力；培養處於能力邊緣時容忍不安感受的能力；創造積極適應不知道的新方法。找出你自己的方法，活在問題當下。或許接著在未來很久後的某一天，你會漸漸，甚至沒注意到，你已找到問題的答案。

問題是發現新的可能性的一種有效方法。它促使我們善用本身的智慧，帶著好奇和驚嘆看待人生。問題有助於我們發展走向未知的積極態度。

我們將以下提供的問題當成你人生旅程的起始點，一個找到路前進的入口。讓自己活在最感興趣的問題當下。如果深入思考的誘惑向你招手，你發現自己被迫要用大腦想出答案，設法比平常保留問題的時間更久一點。也許你會因此帶著新鮮或創意表達現有知識，或者創造出擁有新見解的空間。

或者你可以不假思索地回答問題，忠於你的第一反應，想到什麼說什麼。接受它，即使它不像是你「意圖」反應的答案，你「應該」說的話或符合「理性」的話。同時也用身體仔細檢視，你注意到什麼感官和身體經驗？

無論你的答案為何，假設那不是最終答案，就像參加比賽節目。你可以繼續拿著問題過日子，在日常生活中仔細思量。

和問題更有效率地共處，有助於縮短反應時間。舉例來說，你可以一看到問題就開始寫答案。如果有人唸這個問題給你聽，你能夠馬上依照自己的想法回答。關鍵是不要「想太多」，而是限制回答時間最多一至二分鐘。一開始就不需要詳細計畫，這裡的重點不是要分析問題，而是讓答案油然而生。你容許新思維的起源從不知道的地方湧現。

你也可以選擇和問題共處一天、一星期，或更久的一段時間，當作是探詢練習。有些問題如「我的目的是什麼？」在生活中通常會反覆出現好幾次，答案也每次都不一樣。

給予一段蟄伏期當作可資利用的進一步資訊，如此能夠給你機會適應周遭和內心發生的事。例如，帶著問題走向大自然，或許撿起某個吸引你注意力的東西，你會得到深入問題的驚喜見解。隱喻、圖畫、音樂和其他玩味問題的非語言方式也很適合運用。和親近的人分享你的看法：朋友、家人、讀書會，或社交媒體可以提供支持和增長智慧。找到最適合你的方式。

無論你怎麼做，這個練習最重要的是讓問題保持在活動狀態，讓你整個身心靈變成一個問題，禪學老師巴契勒如此建議。「禪學中，他們說你必須用毛細孔和骨髓問問題。」

知識方面

· 你和知識的關係為何？工作能力受肯定，對你而言有多重要？你的專長／專業知識對你有所幫助還是形成阻礙？

· 在工作或家庭方面，你曾經因為必須給予方向、清楚和明確性而倍感壓力嗎？你如何處理別人對你的期望？

· 你個人和當權者的關係如何？當你質疑權威或對他們說「不」時，你感覺自在嗎？

· 變動性、不確定性、複雜性和模糊性如何影響你的角色或處境？

_____

_____

_____

_____

_____

_____

_____

臨界邊緣

· 面臨知識和專業邊緣時，你一般如何反應？

· 你生活中的哪個部份採用固定思維模式？要是你不怕看起來或表現無能，你會開始做什麼？

· 處於邊緣時，你有哪些明顯的抗拒方式？

· 你渴望什麼？你哪方面覺得不滿意，或是哪方面需要新的東西？

清空你的杯子

· 你的個人或組織價值是什麼？你如何用來做為冒險進入未知的基礎？

·「放手」對你有何意義？誰抓著你的安全繩？他們怎麼知道要支持你？

· 你最後一次說「我不知道？」是什麼時候？你可以從哪裡開始採用「初心？」

· 哪一種安全情境是你能夠練習表達「適切懷疑」的地方？

_____

_____

_____

_____

_____

_____

_____

為什麼思考強者總愛「不知道」？

閉上雙眼去看

· 為了出現新的可能「觀看」方式，你可能「關閉」什麼？

· 你怎麼找到聆聽內心聲音的空間？

· 你要怎麼用新的眼光看待熟悉的事物？

· 你可能怎樣用更明確的方式抱持假設做事，並且測試它們是否屬實？

躍入黑暗

· 為了出現新的可能「觀看」方式，你可能「關閉」什麼？

· 你怎麼找到聆聽內心聲音的空間？

· 你要怎麼用新的眼光看待熟悉的事物？

· 你可能怎樣用更明確的方式抱持假設做事，並且測試它們是否屬實？

未知的欣喜

· 人生中你何時拿出過「十足的信心」？

· 你用哪些方式增加放鬆和輕鬆感？

· 你的人生中哪個部分的脆弱可以變成力量？有什麼安全辦法讓別人在你的職場上顯露脆弱？

· 面對未知時，你可能如何對自己和別人表現更多的同情？

實驗

Experiment

2

我們面對複雜問題或情勢時，不需要從一開始就知道我們要採取的每個步驟。相反地，我們可以培養科學家的實驗技能和人類學家的思考模式。科學家設計實驗測試多重假設、分享成果、尋找模式和開放其他可能解釋。

人類學家敏銳察覺周遭發生的一切，並非常細心。它們不是超然的觀察者，而是能察覺自己和別人的偏見。

以下是我們建議你嘗試的一些實驗，分別以不知道的四大主題分類——「清空杯子」、「閉上雙眼看」、「躍入黑暗」和「未知的欣喜」。如果你做了其中一項實驗，花些時間回顧你的經驗。最好找個本子做筆記。根據我們的經驗，反覆做一開始沒有效果的實驗，再試一次的話可能有很大的效果。重複可以增加深度和共鳴。有時候光是反覆練習也能得出新的見解或變得精通。最重要的是，我們希望你喜愛這些建議。遊戲和輕鬆以待通常是學習新鮮事物的最好方式。你也可以提議自己的實驗，將它們納入適合你的情境。

清空杯子

先從教學開始

為什麼思考強者總愛「不知道」？

培養「初心」的好方法是找個人談論或教導自己的專長，而對方對此一無所知。也許是你組織裡的某個人、學徒或甚至是朋友。對勇敢的人來說，主動在學校或青年社團教課或演說是不錯的選擇。孩子很少會抑制他們內心誠實的感想。這個實驗能幫助你看見自己是否用了行話，它強迫你要簡單說明。也能讓你重回熟悉領域和看到一些不再適用的觀點。

製造空間

　　清除有形的雜亂也可以象徵性清出心靈的位置和空間。這也代表我們有多少不用或沒用（信念，假設）的東西，只要我們除舊，就可以取得放置新事物的空間。你可以從小處先開始──找一個一陣子沒察看的抽屜或紙箱。等你一一檢視過很久沒看過的東西時，你會發現有些東西你已經超過一年沒用，也不重要了──丟掉它們吧！等空間變得清爽以後，注意一下你的心情感受。

當一天的蘇格拉底

　　蘇格拉底素以提問聞名，而且聲明他不知道。選一個低風險的情況（例如不是你的薪資審核期間），嘗試不即刻回答針對你的問題。讓自己暫停幾秒時間思考問題。用「我不知道」的真實感受理解問題，如有需要，試著讓自己真的說「我不知道。」有個訣竅是想像問題是一塊食物。不要立即吞掉它，而是慢慢咀嚼。探索它對你的作用，你的最初想法、你覺得被迫回答什麼，任何身體引發的情緒或感受。幾秒鐘也許像一輩子這麼久，但其實只是幾秒鐘。這個練習會提高你的察覺力，創造反省和觀察空間。也會阻止你貿然採取行動。

全神貫注

我們多數人都是習慣的生物。不知不覺履行許多日常的例行事務，無所察覺。刷牙還是開車上班時，我們常把注意力放在別的地方。這個實驗要求你用截然不同的方法，從事某件很熟悉的事。比方說，你可以跟平常不一樣，嘗試用相反的方式穿外套。如果你習慣先穿右手，那麼先從左手開始。試著以相反方式繫鞋帶，或交叉手臂，然後用上面反方向的手臂展開等。如果有因挫折放棄的傾向，請堅持住，注意那時的感受。這個練習可以讓你更注意自己的老習慣，也可以讓你有所選擇，去做些不一樣的事。

閉上眼睛看

寂靜的聲音

寂靜不只是沒有噪音，而是一種我們可以在內心承載的平靜，甚至在最吵雜的市場。找一天注意你用噪音填補寂靜的地方，有意識地選擇保持寂靜。比方說，如果你在做早餐的時候習慣打開收音機，試看看在寂靜中做事的感覺是什麼。如果你平常看書或吃飯時拿電視當背景音樂，請關掉它。這個實驗會加強你處於寂靜不會導致分心的能力，變得更加注意內心的想法和聲音。

房間的世界

選擇一個熟悉的地方，你家的房間或你例行走的路線（如果走路上班）。想像你是福爾摩斯正在勘查犯罪現場，或是人類學家在觀察不熟悉社區的居住地。緩慢並仔細調查和注意四周所有的一切。注意細節、材質，允許自己的焦點放大和縮小，以及真正的去觀察，凝聚你所有的感官。我們很容易繞過熟悉的事物，對所有都要抱持一切如新的心態。去注意標籤如何不用語言阻礙我們真正注意某樣東西的原來樣貌。這個實驗會磨練我們的感

官，培養觀察技巧。

留意溝通的間隔

找一天在所有對話中練習完全徹底的傾聽，直到別人說完要說的話再發表看法和回應。注意任何滲入、或想評估和判斷對話內容的傾向。練習完全把注意力放在另一個人身上。好奇他們的用字、語氣、姿態、臉部表情。注意用字，包括身體產生的感覺對你的影響，。深刻傾聽創造容易流通想法和可能性的聯繫空間。

問三個問題

我們常常忘了問「為什麼？」和很快問「怎麼做？」下一次你處理複雜議題時，請不要貿然行動，或採取以前慣用的作法，試試看你能否以三歲小孩的好奇心問「為什麼？」如果「為什麼」的作法似乎有些冒險，你可以淡化問題。例如問「你可以多給我一點訊息嗎？」這個做法讓你能確認目標並展開最好的行動方針。

躍入黑暗

房間裡有一隻大象

以即興的方式進行，代表把呈現在眼前的東西當作提議完全接受。這並不表示同意，而是承認，然後與它一起合作繼續進行。比方說，在即興素描中，如果有人說：「房間裡有一隻大象，」而另一個人回答「不，沒有，」其連貫性就終止了。如果回應者準備接受這個說法並說「是啊，大象正朝著你衝過去！」，我們現在就有畫面了。記住這一點，把別人所說和所做的事當

成「提議」思考。用「是啊」代表接受並思考他們說的話，然後把你的「然後」建立在他們的看法之上。這個實驗可以培養真正的創造性對話，雙方都覺得有人傾聽並可以一起創造某些新的可能。

到底是誰的故事？

由熟悉的環境中選擇一個議題或狀況，然後針對事情會如何進行盡量多做一些多重假設。舉例而言，你或許在餐廳看到一對客人。他們怎麼會來這裡？他們是兄妹？堂姊弟？是生日還是情人的神秘約會？要不然也可以找一種工作狀況。如果你和別人一起做這個練習，選擇性就更多了。一開始先單獨思考假設，然後再和別人組隊，避免團體思考。這個過程會幫助我們由多重假設看待情況，避免我們太早做出結論。

90 天試用期

阻礙改變的是相信某事「就是行不通」。在事情有可能成功之前，避免太快扼殺想法的方式是提供 90 天試用期。選一個你正在面對的問題，該問題是否成功具有某種不確定性。展開為期三個月針對創意簡化版的測試，除非成功否則不保證繼續進行。這個作法會消除嘗試新鮮事物的恐懼，因為重新回去正常做法的選項還在那裡。90 天剛好有足夠時間得到能量，以及能夠公正評估想法的可行性。開始計畫一個低成本、快速的方式測試其想法雛形。這個實驗既可以讓你迅速得到回饋，又可以試驗大膽的想法，不需給予重大保證和投資。

不同的觸角

試想你正面臨一個正在處理的問題或挑戰。要召集一群跟你的背景和觀

點有所不同的人，一起探討該問題。重點不在於讓他們同意或達成協議，而是讓不同意見浮上抬面，每個人都有時間被尊重地聆聽。另一種方式也可以獲得輿論多樣性的好處，就是考量辯論議題的正反觀點，尤其特別留意跟你相反的觀點（例如，如果你喜歡讀自由黨的報紙，就去讀保守黨的）。這種實驗不僅會擴大你的視野，還能挑戰你的偏見。它也能培養同時抱持二種矛盾想法並明白各自論點價值的能力。

未知的欣喜

放輕鬆

　　下次走路的時候注意你身體怎麼移動。你的動作專注、緊張、僵硬，還是自在及流暢？注意你的下巴是收緊還是放鬆。讓腹部保持柔軟。你如果在家，不要正襟危坐接電話或工作，試著把腳放在椅子上或桌上，或躺在沙發上接電話。當你的身體放鬆下來，你的思考也會變得比較輕鬆。這個練習培養我們加強面對壓力的放鬆能力，讓我們更有彈性。也能提供我們不同的觀點。

安全基地

　　經歷未知情況會讓人在情感上疲憊不堪。有時候我們需要一個安全堡壘，讓我們可以回去、可以得到鼓勵和找到休息和支持我們繼續的地方。先確認誰或什麼可以提供你一個安全基地。也許是某個朋友、團體或對你別具意義的地點。練習去找這個安全基地（也可以在你的想像中），注意它怎麼支持你。而你如何提供別人相同的支持？

不再折磨自己

試驗我們決心的挑戰，有時候能幫助我們成長。勇敢可以成就品格、在壓力下淬鍊生成。然而在未知裡，我們經常面臨太多壓力和惱人的想法（「我怎麼變這樣？」，「我應該更清楚一點」）。這個實驗關乎如何停止折磨自己，對自己更仁慈、更有同情心。找一天觀察每次你產生自我攻擊想法的時候。決心多帶一點同情心跟自己說話。做你自己最好的朋友。

感謝詞

Acknowledgements

　　寫這本書真是一路走在「不知道」的旅程——我們從傾向依賴專家的開始、經過面對自身問題和疑慮的掙扎邊緣，然後驚喜發現學習和新奇的新世界。這段經歷獲得的豐富見解，一路引導我們探索和寫作。我們克服了橫跨二個不同陸地和時區的合作困難，找到自己的韻律，順應白天夜晚把持自然的平衡。我們一人忙於一天的寫作以後倒床就睡，另一人接著神采奕奕醒來準備接下來一天的工作。我們有幸在 2012 年 5 月哈佛甘迺迪學院認識，進而促成本書的合作和建立合夥關係。

　　寫書過程中，我們獲得許多作家、思想領袖和學者的啟發。人數眾多不及逐一列舉，但我們這裡要特別提到學者法蘭奇和辛普森的研究，他們將「負面能力」的概念應用到領導領域；林斯基和海菲茲，適性領導模式的創作者；過程導向心理學創始者敏德爾（Arnold Mindell）；夏默和自然流現學院；「功課」的創始人，凱蒂（Byron Katie）；完形心理治療法創始人，波爾斯及其夫人（Fritz and Laura Perls）。

　　本書沒有這許多人的貢獻是不可能完成，在激發無數深入見解的對話中，他們大方分享自己的故事和建議，充實了本書的示例和個案研究。我們無法將所有想法或故事收納書中，但我們真心認可和感謝所有人的貢獻。如果我

們有任何遺漏之處，請多加包涵；這絕非有意，我們一樣感謝您的支持。

我們想要感謝：

亞蘭（Eliat Aram）、艾瑞斯曼、奧得貢（Jean Claude Audergon）、阿夫拉莫普洛斯、巴德諾赫、已故的貝恩（Alastair Bain）、波爾（Anthony Ball）、巴爾泊（Paul Barber）、巴斯（Berrin Bas）、貝克曼、貝瑞曼（Simon Berryman）、布雷斯福德（Michelle Brailsford），伯瑞斯拉伐、布許、布斯塔、查斯考森（Michael Chaskalson）、卻索（Michelle Chaso）、切洛客、庫區、森恩斯伯里（Michelle Crawford Sainsbury）、恰格麗格布朗、達科斯塔（Niall and Elaine da Costa）、德波爾（Kito de Boer）、德門利思吉雅（Elitsa Dermendzhiskya）、德索薩（Teotonio de Souza）、戴伊、戴爾蒙、唐斯、多索尼亞（Simon D'Orsogna）、得席爾瓦爵士、厄爾本、弗恩（Maxime Fern）、加爾、伯格（Jennifer Garvey Berger）和成長邊緣網絡（the Growth Edge Network）、加蒂、基瑞、漢密爾頓（David Hamilton）、漢迪夫婦、哈里森、哈奇、休伊（Jennifer Hewit）、霍普、休斯、慈眼禪師、珍德諾瓦、約翰斯頓（Michael Johnston）、江格瓦拉（Ron Jungalwalla）、卡森（Nassif Kazan）、金、萊西歐、麥克弗森（Robbie Macpherson）、馬乎德（Karen Mahood）、馬威茲（Julian Marwitz）、馬丁內斯、麥卡錫、曼戴爾、梅瑞迪思（Jane Meredith）、米奇（Megumi Miki）、斯科菲爾德、尼可拉蘇瓦、尼克弗若瓦（Suzana Nikiforova）、納索（Brigid Nossal）、帕克（Simon Parke）、帕莎本、珀爾（David Pearl）、賽諾蓋瓦（Francisca Zanoguera）、彼卓維契、皮斯特魯伊、培拉迪納（Anna Plotkina）、瑞瑪磨爾西（Daniel Ramamoorthy）、瑞斯（Samir Rath）、瑞納、倫納（Vicki Renner）、羅梅羅、桑斯特、謝

為什麼思考強者總愛「不知道」？

感謝詞　　　　　309

普曼（Yvan Schaepman）、夏默、施洛特貝克、夏比、希米歐尼、斯凱爾頓（Liz Skelton）、索列（Terri Soller）、蘇沙露（Grant Soosalu）、蘇德沃夫、蘇瑞（Jeremi Suri）、索普、泰勒博士、封德弗埃弗德（Guy Vandevijvere）、梅格修倫（Tania van Megchelen）、文森（Rachael Vincent）、華許、懷特（Jon White）、懷特（Randy White）、威廉斯、伍德（Jo Godfrey Wood）、沃曼（Chris Worman）和寧克。

特別感謝史密斯（Erin Smith）與我們分享她對脆弱的精闢見解。感謝休斯（Sarah Lloyd-Hughes）提供本書開場的當下隱喻。

我們也想感謝出版商劉（Martin Liu）；編輯伍茲（David Woods）；LID 全體工作人員。我們很感激艾弗利爾（Sally Averill）的推行。

感謝厄爾本、羅森克朗茨（Nadine Rosenkranz）、托司卡諾（MariaHelena Toscano）和 Iconic 團隊針對本書鼓舞人心的藝術創作和設計，包含美麗的封面。

感謝意識和創意作家國際協會（International Association of Conscious & Creative Writers）總監麥卡琴（Julia McCutchen），擔任我們的寫作指導，協助我們找到自己的聲音並在黑暗時期保持動力。

特別感謝林斯基（Marty Linsky）熱情的支持和鼓勵。

史蒂芬

我想感謝我出色的家人希羅（Silo）、克里斯汀（Christine）、賽爾溫（Selwy）和夏琳（Charlene），謝謝他們在我進入未知時不斷支持我。當我跌倒時，他們扶我起來，給我勇氣冒險和成長。

我也想感謝：我的恩師皮斯特魯伊，他看見了我的可能性，用智慧和才智開啟我的心靈；我的完形治療師瑞思能（Tommi Raissnen）和完形老師和

培訓組員，在我因未知而不安的時期一直支持我；以及我在英國阿什里奇商學院（Ashridge Business School）的老師和西班牙 IE 商學院的同事。

特別感謝：巴克麥爾（Magdalena Bak-Maier）、科蒂尼奧（Kevin Coutinho）、迪恩（Matt Dean）、德翁左諾（Santiago Iniguez de Onzono）、朵爾地（Marcus Docherty）、法蘭克（Nicholas Frank）、蓋伯爾（Anne Gabl）、亨利（Sue Henley）、賀木斯（Laura Hurmuz）、伊斯梅爾（Omar Ismail）、賈米森（Olivia Jamison）、約翰（Nathan John）、瓊斯（Gareth Jones）、尤斯凱米奇（Dorota Juszkiewicz）、拉哈（Gulamabbas Lakha）、拉特洛德（Justine Lutterodt）、佩斯（Emma Pace）、佩雷拉（Ryan Pereira）、夏雪克（Edina Szaszik）、戴（Jed Tai）、巴爾迪維索（Felix Valdivieso）和威斯特（Gerald West），以上皆是本書重要的支持者。

黛安娜

我很榮幸成為適性領導和過程導向心理社群的一員，感謝由此獲得的豐富經驗和學習。

感謝惠特尼於 2013 年 11 月與我談話，開啟了靈感和動力的新入口。

我很感激過程導向心理學家和老師馬汀（Jane Martin）對本書手稿的支援和深入的回饋。

我尤其要向家人表達最深的謝意；我的丈夫達爾和我討論、貢獻想法、挑戰和修正我的想法；我的孩子安妮卡（Anica）和西奧（Theo）提醒著我人生最重要的元素——愛、笑聲和很多問題。

參考資料

References

01 范士丹（L. Feinstein），沙貝茲（R. Sabates），安德森（T.M. Anderson），索含多（A. Sorhaindo），哈蒙德（C. Hammond），〈教育對健康有什麼影響？〉（Whatare the effects of education on health?），《衡量教育對健康和公民參與的影響：哥本哈根研討會論文集》（Measuring the effects of education onhealth and civic engagement: proceedings of the Copenhagen Symposium），經濟合作暨發展組織（OECD），2006 年。

02 塔雷伯（N.N. Taleb），2007 年，《黑天鵝效應》（The Black Swan: the rise of the highly improbable），RandomHouse 出版。

03 洛可（D. Rock），2009 年，《化腦力為最強工作力：別把腦袋放冰箱》（Your Brain at Work: Strategies for Overcoming Distraction,Regaining Focus, and Working Smarter All Day Long），HarperBusiness 出版。

04 沃爾福德（G. Wolford），米勒（M.B. Miller），葛詹尼加，2000 年，〈左半腦對假設形成的作用〉（The Left Hemisphere's Role in Hypothesis Formation），《神經科學期刊》（The Journal of Neuroscience）。

05 歐馬力（C.D. O'Malley），1964 年，《布魯塞爾的維薩留斯（1514–1564）》（Andreas Vesalius of Brussels1514–1564），加州大學出版社，第 74 頁。

06 拜爾泊（J.J. Bylebyl），〈帕多瓦學院：十六世紀的人文醫學〉（The School of Padua: humanistic medicine in the 16th century），韋伯斯特（C. Webster）編輯，《十六世紀的健康、醫學和死亡率》（Health, Medicine and Mortality in the Sixteenth Century），1979 年，第十章。

07 《維薩留斯（1514 斯（，M）人體的結構》（Andreas Vesalius (1514–1564) The Fabric of the Human Body），於 2013 年 3 月 10 日瀏覽史丹福大學網站：http://www.stanford.edu/class/history13/Readings/vesalius.htm。

08 歐馬力，1964 年，《布魯塞爾的維薩留斯（1514–1564）》（Andreas Vesalius of Brussels

1514–1564），加州大學出版社（Univ ofCalifornia Press），第 98 頁。

09 〈為什麼人往往過於自信？一切跟社會地位有關〉（Why are people overconfident so often? It's all about social status），哈斯即時新聞（Hass Now news），加州大學柏克萊分校，2012 年 8 月 13 日。於 2013 年 11 月 3 日瀏覽：http://newsroom.haas.berkeley.edu/research-news/why-are-people-overconfidentso-often-it%E2%80%99s-all-about-social-status。

10 安德森，布里昂（S. Brion）、摩爾（D.A. Moore），甘迺迪（J.A. Kennedy），2012 年 3 月，〈過度自信的聲明報告〉（Statement Accountof Overconfidence），《人格和社會心理學期刊》（Journal of Personality and Social Psychology）。 Anderson C, Brion S, Moore DA, Kennedy JA, Mar 2012 " Statement Accountof Overconfidence", Journal of Personality and Social Psychology

11 查莫洛－普雷謬齊克（T. Chamorro-Premuzic），《自信：克服低自尊、不安、自我懷疑》（Confidence: Overcoming Low Self-Esteem,Insecurity and Self-Doubt），Hudson Street Press 出版，倫敦。

12 同 9。

13 例子來自唐寧（D. Dunning），希斯（C. Heath）和騷司（J. Suls），〈錯誤的自我評估對於健康、教育和工作場所的影響〉（Flawed Self-Assessment,Implications for Health, Education, and the Workplace），《公共利益心理學》（Psychological Sciencein the Public Interest），2004 年 12 月，第 5 卷，369-206 頁。

14 瑞茲維克（J.R. Radzevick）和摩爾（D.A. Moore），2011 年，〈力求正確（但卻錯了）：社會壓力和過度精準的判斷〉（Competing to be certain (but wrong):Social pressure and over-precision in judgment），《管理學》（Management Science），57(1)，93-106 頁。

15 葛洛夫，麥克萊恩（B. McLean），〈戰勝前列腺癌〉（Taking on prostate cancer），《財星》雜誌，1996 年 5 月 13 日，於 2013 年 8 月 14 日瀏覽：http://money.cnn.com/magazines/fortune/fortune_archive/1996/05/13/212394/

16 泰羅克（P.E. Tetlock），2006 年，《專家政治判斷：到底有多正確？我們怎麼知道？》（Expert Political Judgment: How Good Is it? How Can WeKnow?），普林斯頓大學出版社。

17 希斯（C. Heath）和希斯（D. Heath），〈知識的詛咒〉（The curse of knowledge），《哈佛商業評論》（Harvard Business Review），2006 年 10 月。

18 同上。Ibid.

19 特沃斯基（A. Tversky），卡尼曼（D. Kahneman），1974 年，〈不確定性下的判斷：啟發法和偏見〉（Judgment under uncertainty: Heuristicsand biases），《科學》（Science）雜誌，185 冊，1124-1130 頁。

20 辛格（A. Zynga），2013 年，〈知道太多的創新者〉（The Innovator Who Knew Too Much），《哈佛商業評論部落格社群》（HBR Blog Network），4 月 29 日，2013 年 8 月 22 日瀏覽：http://blogs.hbr.org/2013/04/the-innovatorwho-knew-too-muc/。

21 同 16。

22 同 16。

23 史耐德（A. Schneider）& 麥康伯（D. McCumber），2004 年，《致命的空氣——蒙大拿利比小鎮石棉中毒事件如何揭露一個全國性醜聞》（An Air That Kills – How the Asbestos Poisoning of Libby, Montana, Uncovered a National Scandal），Berkley Books 出版，紐約。

24 顧德門（A. Goodman），2009 年，班尼菲爾德的訪談，出自 Democracy Now！新聞節目，4 月 22 日，2013 年 5 月 22 日瀏覽：http://archive.is/XGNW。

25 同上，第 8 頁。

26 李（S. Lee），2004 年，「核爆點」居民仍在計算挖掘硬矽鈣石山區的成本，3 月 8 日。2013 年 3 月 27 日瀏覽：http://www.greatfallstribune.com/news/stories/20040308/localnews/45266.html。

27 赫茲（N. Hertz），2013 年，《老虎、蛇和牧羊人的背後：如何在大數據時代破解網路騙局與專家迷思，善用個人力量做出聰明決定》（Eyes Wide Open: How to Make Smart Decisions in a Confusing World），William Collins 出版。

28 英國科學院寫給英國女王陛下的信，2009 年 7 月 22 日，2013 年 2 月 3 日瀏覽：http://www.euroresidentes.com/empresa_empresas/carta-reina.pdf。

29 厄文（N. Irwin）和佩力（A.R. Paley），2008 年，〈葛林斯潘說他犯了監管疏失〉（Greenspan Says He Was Wrong On Regulation），《華盛頓郵報》（Washington Post），2008 年 10 月 24 日。

30 世界國際象棋聯合會（World Chess Federation, FIDE）等級排名，2014 年 3 月 17 日瀏覽：http://344ratings.fide.com/download.phtml。

31 基迦恩薩（G. Gigerenzer），2003 年，邊緣對話（Conversations at the Edge），2013 年 9 月 1 日瀏覽：http://www.edge.org/conversation/smart-heuristics-gerd-gigerenzer。

32 賈德納（D. Gardner），2011 年，《愚言未來：權威人士為何是刺蝟，狐狸為何知道最多？》（Future Babble: Why Pundits are Hedgehogs and Foxes KnowBest），Plume 出版。

33 波頓（R. Burton），2009 年，《人，為什麼會自我感覺良好？——大腦神經科學的理性與感性》（On Being Certain），St. Martin's Griffin 出版。

34 范士庭（L. Festinger），1957 年，《認知失調理論》（A Theory of Cognitive Dissonance），史丹佛：史丹佛大學出版。Festinger L, 1957, A Theory of Cognitive Dissonance, Stanford: Stanford University

35 總統辯論委員會，2004 年九月三十日，辯論文字記錄，2013 年三月十七日瀏覽：http://www.debates.org/index.php?page=september-30-2004-debate-transcript

36 伊莫倫（F.H. van Eemeren）和班哲明（J. Benjamins），《檢視語境論述：戰略演習的十五篇研究》（Argumentation in Context: Fifteen Studies on Strategic Maneuvering），編輯群，John Publishing Company 出版，2009 年，第 29 頁。

37 非本名。

38 2011 年英國國家廣播公司歐洲新聞網（BBC News Europe），〈卡欽斯基空難：俄指責波蘭機師錯誤〉（Kaczynski air crash: Russia blames Polish piloterror），1 月 12 日報導，2013 年 10 月 10 日瀏覽：http://www.bbc.co.uk/news/world-europe-12170021。

39 英國國家廣播公司新聞雜誌（BBC News Magazine），2013 年，〈漢斯‧羅斯林：我們對世界所知多少？〉（Hans Rosling: How Much Do You Know Aboutthe World?），11 月 7 日，2013 年 11 月 18 日瀏覽：http://www.bbc.com/news/magazine-24836917。

40 庫茨魏爾（R. Kurzweil），2002 年，「智能宇宙」（The Intelligent Universe），Edge 網站對談單元，5 月 11 日：http://www.edge.org/conversation/the-intelligent-universe。

41 阿克洛夫，2013 年，「樹上的貓和進一步觀察：反思宏觀經濟政策」（The Cat in the Tree and Further Observations: Rethinking Macroeconomic Policy），iMFdirect，2013 年 6 月 3 日 瀏 覽：http://blogimfdirect.imf.org/2013/05/01/the-cat-in-the-tree-and-further-observationsrethinking-macroeconomic-policy/。

42 同上。Ibid.

43 同上。Ibid.

44 亞當斯（T. Adams），2012 年，「我只知道這麼多：丹尼爾‧康納曼」（This much I know: Daniel Kahneman），《衛報》（The Guardian），7 月 8 日，2013 年 7 月 13 日瀏覽：http://www.theguardian.com/science/2012/jul/08/this-much-i-know-daniel-kahneman。

45 斯諾登（D. Snowden），2012 年，「庫尼文：修訂的領導力表格」（Cynefin: Revised Leadership Table），12 月 1 日，認知邊緣部落格（CognitiveEdge Network Blog），2013 年 1 月 10 日瀏覽：http://cognitive-edge.com/blog/entry/5802/cynefin-revised-leadership-table。

46 斯諾登和布恩，2007 年，「領導者的決策框架」（A Leader's Framework for Decision Making），《哈佛商業評論》11 月刊，第 5 頁。Snowden, D & Boone, M, 2007, "A Leader's Framework for DecisionMaking", Harvard Business Review, November, p.5

47 皮萊（S.S. Pillay），2011 年，《你的大腦和生意：卓越領導人的神經科學》，經濟日報出版社（FT Press）。Pillay SS, 2011, Your Brain and Business: The Neuroscience of Great Leaders, FT Press

48 蘭格（E. Langer），1975 年，「控制的錯覺」（The Illusion of Control），《人格和社會心理期刊》（Journal of Personality and Social Psycholog）第 32 卷第二期，311-328 頁。

49 感謝過程導向心理學家哈奇（Susan Hatch），協助瞭解如何認清臨界邊緣的狀況。

50 布朗（B. Brown），2012 年，《脆弱的力量》（Daring Greatly: How The Courage to Be Vulnerable Transforms the Way We Live, Love, Parent and Lead），Gotham 出版。

51 德偉克（C. Dweck），2007 年，《心態致勝》（Mindset: How We Can Learn to Fulfill Our Potential），Ballantine Books 出版。

52 多次採訪人和個案有關他們在邊緣的感受之總結。

53 洛可（D. Rock），2009 年，「腦科學管理」（Managing with the Brain in Mind），strategy + business 網站，8 月 24 日，2014 年 2 月 14 日瀏覽：http://www.strategy-business.com/article/09306?pg=all。

54 丘卓（P. Chodron），2003 年，《與無常共處 -- 108 篇生活的智慧》（Comfortable with Uncertainty: 108 Teachings on Cultivating Fearlessness and Compassion），Shambhala Publications 出版。

為什麼思考強者總愛「不知道」？

55 非本名。

56 弗萊徹（A. Fletcher），2011 年，《側視的藝術》（The Art of Looking Sideways），Phaidon Press 出版。

57 「伯克和威爾的致命錯誤」（Burkeand Wills' Fatal Error），荒野電訊國家電台（Radio National Bush Telegraph），2013 年 8 月發佈，2014 年 2 月瀏覽：http://www.abc.net.au/radionational/ programs/bushtelegraph/burke-and-wills-fatal-error/4869904。

58 同上。

59 同上。

60 哈里森（D. Harrison），2013 年，「金安妮：伯克和威爾斯探險迷團的重要事件」（Annie King: more than a footnote in the mystery of the Burke and Wills expedition），《雪梨先驅晨報》（The Sydney Morning Herald），2014 年 2 月 3 日瀏覽：http://www.smh.com.au/national/annie-king-more-than-a-footnote-inthe-mystery-of-burke-and-wills-expedition-20130921-2u6fj.html。

61 比昂（W. Bion），1980 年，《比昂的紐約與聖保羅講座》（Bion in New York and Sao Paulo）。佩斯郡泰河谷（Strath Tay, Perthshire）：克魯尼出版社（Clunie Press），第 11 頁。

62 《約翰・濟慈的書信精選集》（The Letters of John Keats: A Selection），吉丁斯（R. Gittings）編輯。牛津：Blackwell 出版，1970 年，第 43 頁。"The Letters of John Keats: A Selection". Ed, R. Gittings. Oxford: Blackwell, 1970, p.43

63 法蘭奇（R. French）和辛普森（R. Simpson) 著，《負面能力：了解創意管理文獻》（Negative Capability: A contribution tothe understanding of creative leadership），內：西弗斯（B. Sievers）、布朗寧（H. Brunning）、顧意爾（J. De Gooijer）和古爾德（L. Gould）合編，2009 年。《組織心理分析研究：組織心理分析研究國際協會文獻》（Psychoanalytic Studies of Organizations: Contributions from the International Society for the Psychoanalytic Study of Organizations），Karnac Books 出版。

64 同上。

65 同上。

66 尤努（M. Yunnus），2012 年，〈2012 年世界新秀會議〉（One Young World 2012 Summit），瀏覽於 2012 年 1 月 25 日：https://www.youtube.com/watch?v=USddwTvRdJc。

67 同上。

68 胡碧克（V. Hlupic），2001 年，〈放鬆管控，提升獲利〉（Increasing profits by giving up control），11 月 21 日發佈，2014 年 3 月 10 日瀏覽：http://www.youtube.com/watch?v=4a0YxGC7auI。

69 戴維斯（J. Davis），2013 年，〈全新教學方法如何孕育出下一代天才？〉（How a Radical New Teaching Method Could Unleash Generation of Geniuses），5 月 10 日發佈，2014 年 1 月 20 日瀏覽：http://www.wired.com/business/2013/10/free-thinkers/。

70 克瑞德（T. Kreider），2013 年，〈「我不知道」的力量〉（The Power of I don't know），《紐約時報》，Opinionator 專欄，4 月 29 日發佈。

71 辛普森（P.F. Simpson），法蘭奇（R. French），哈維（R. Harvey），2002 年，〈負面能力領導〉，《人際

為什麼思考強者總愛「不知道」？

關係》（Human Relations）期刊第 55 卷；1209；第 1211 頁。

72 《經濟學人》（The Economist），2013 年，〈布希傳統〉（Bush's Legacy），10 月 26 日。

73 狄波頓（A. de Botton），2002 年，《旅行的藝術》（The Art of Travel），Hamish Hamilton 出版。

74 惠特利（M. Wheatley），2010 年，《毅力》（Perseverance），Berrett-Koehler Publishers 出版。

75 馬莫（M.K. Marvel）、愛普斯坦（R.M. Epstein）、佛洛爾斯（K. Flowers）和貝克曼（H.B. Backman），1999 年，〈徵求病患動機：我們改善了嗎？〉（Solicitingthe patient's agenda: have we improved?），《美國醫學會期刊》（JAMA）181 卷（3）：283 至 287 頁。

76 夏默（O.C. Scharmer），2007 年，《U 形理論：領導正在顯現的未來》（Theory U: Leading from the Future as It Emerges），麻省劍橋：組織學習協會（Society for Organizational Learning）。

77 夏默（O.C. Scharmer），2008 年，〈揭露領導的盲點〉（Uncovering The Blind Spot of Leadership），《領導對領導》（Leader to Leader）期刊，第 2008 卷，47 期，52-59 頁。

78 昂甘梅爾——鮑曼（M. Ungunmerr-Baumann），尤利卡街電視節目（Eureka Street TV），2014 年 3 月 13 日瀏覽：https://www.youtube.com/watch?v=k2YMnmrmBg8。

79 創意精神（Creative Spirits），〈深入傾聽〉（Deep Listening），2014 年 3 月 15 日瀏覽：http://www.creativespirits.info/aboriginalculture/education/deep-listening-dadirri。

80 喬伊斯（P. Joyce）和希爾斯（C. Sills），2010 年，《完形諮商和心理治療技巧》（Skills in Gestalt Counselling & Psychotherapy），Sage Publishing 出版。

81 歐馬力（C.D. O'Malley），1964 年，《布魯塞爾的維薩留斯：1514-1563 年》（Andreas Vesalius of Brussels 1514–1564），加州大學出版社。

82 同上。第 82 頁。

83 同上。第 87 頁。

84 同上。

85 巴波勒（M. Batchelor），〈這是什麼？〉（What is This?），《三輪佛教雜誌》（Tricycle Magazine）秋季號。

86 伯爾特醫生的醫學網站（Bolte Medical），瀏覽於 2013 年 12 月 12 日：www.boltemedical.com。

87 財務軟體公司 Intuit Network，2011 年〈敏捷時代的領導〉（Leadership in an Agile Age），4 月 20 日發佈，瀏覽於 2014 年 1 月 26 日：http://network.intuit.com/2011/04/20/leadership-in-the-agile-age/。

88 同上。Ibid.

89 艾森伯格（B. Eisenberg），2013 年，〈敏捷時代的領導和實驗方法〉，3 月 22 日，2014 年 1 月 26 日瀏覽：http://www.bryaneisenberg.com/leadership-in-the-age-of-agility-experimentation/。

90 財務軟體公司 Intuit Network，2011 年〈敏捷時代的領導〉（Leadership in an Agile Age），4 月 20 日發佈，瀏覽於 2014 年 1 月 26 日：http://network.intuit.com/2011/04/20/leadership-in-the-agile-age/。

91 威爾森（I. Wilson），2012 年，〈搭車指南……邁爾思維爾人送電影導演沃特斯一程〉（A hitchhiker's guide... : Myersville man givesfilmmaker John Waters a ride），5 月 24 日發佈於 FrederickNewsPost.com。

92 羅森（J. Rosen），2012 年，〈巴爾的摩內幕〉（Baltimore Insider），《巴爾的摩太陽報》

93 伊茲考夫（D. Itzkoff），2012 年，〈沃特斯於全國各地搭便車長期漂泊體厭絕望生活〉（John Waters Tries Some Desperate Living on a Cross-Country Hitchhiking Odyssey），《紐約時報》，5 月 25 日發佈，2014 年 3 月 20 日瀏覽：http://artsbeat.blogs.nytimes.com/2012/05/25/johnwaters-tries-some-desperate-living-on-a-cross-country-hitchhikingodyssey/?_php=true&_type=blogs&_php=true&_type=blogs&_r=1。

94 鄧恩（M. Dunn），2012 年，〈進入未知──如保加拿追求極限挑戰的探險家〉（Stepping into the unknown – adventurers workingtowards nailing extreme challenges like Felix Baumgartner），《週日太陽先驅報》（SundayHerald Sun），10 月 28 日發表，2013 年 7 月 29 日瀏覽：http://www.dailytelegraph.com.au/news/the-last-six-frontiers/story-e6freuy9-1226504379167。

95 〈羅斯福總統作品，奧格爾索普大學演講，1932 年 5 月 22 日〉（Works of Franklin D. Roosevelt, Address at Oglethorpe University,May 22, 1932），新政網站（New Deal Network），2013 年 12 月 10 日瀏覽：http://newdeal.feri.org/speeches/1932d.htm。

96 〈歐巴馬的羅斯福風格「實驗」適合我們的經濟嗎？〉（Is this Obama's FDR style "experiment' for our economy?），KleinOnline，2012 年 9 月 9 日發表，2013 年 12 月 13 日瀏覽：http://kleinonline.wnd.com/2012/09/09/is-this-obamas-fdr-style-experimentfor-our-economy/#。

97 米勒（M. Miller），1983 年，《羅斯福總統傳：一段親密歷史》（FDR: An Intimate History），紐約花園城（Garden City），第 263 頁，引用自 http://georgiainfo.galileo.usg.edu/FDRarticle1.htm#anchor329597。

98 辛格（S.J. Singer）＆愛德蒙德森（A.C. Edmondson），2006 年，《當學習與績效衝突時：面對緊張局勢》（When Learning and Performanceare at Odds: Confronting the Tension），第 10 頁，2014 年 2 月 3 日瀏覽：http://www.hbs.edu/faculty/Publication%20Files/07-032.pdf 。

99 同上。

100 同上，第 15 頁。

101 同上。

102 〈IDEO 的不同〉（The IDEO Difference），《半球》（Hemispheres）雜誌，聯合航空（United Airlines），2002 年 8 月，第 56 頁。

103 非本名。

104 科林斯（C. Collins），2002 年，《愚者的願景和其他著作》（The Vision of the Fool and Other Writings），Golgonooza Press 出版。

105 富達（P. Fuda）＆巴德姆（R. Badham），〈四大技法加持：變成更好的領導人〉（Fire, Snowball, Mask, Movie: How Leaders Spark and Sustain Change），《哈佛商業評論》，2011 年 11 月。

106 丘卓（P. Chodron），2002 年，《轉逆境為喜悅：與恐懼共處的智慧》（The Places That Scare You: A Guide to Fearlessness in Difficult Times），香巴拉經典（Shambhala Classics）出版。

107 克利夫蘭評論（The Cleveland Clinic）：http://www.youtube.com/watch?v=cDDWvj_q-o8。

108 黑色星期六森林大火（Black Saturday Bushfires），2013 年 12 月 20 日瀏覽：http://www. blacksaturdaybushfires.com.au/。

109 同上。

110 塔雷伯（N. Taleb），2012 年，《反脆弱：脆弱的反義詞不是堅強，是反脆弱》（Antifragile: Things That Gain from Disorder），Random House 出版。

111 維瑟（C. Visser），2005 年，〈危機時期的組織韌性〉（Organizational Resilience in Times of Crisis），2013 年 12 月 29 日瀏覽：http://articlescoertvisser.blogspot.com.au/2007/11/organizational-resilience-in-times-of.html。

112 同上。Ibid.

為什麼思考強者總愛「不知道」？

國家圖書館出版品預行編目 (CIP) 資料

為什麼思考強者總愛「不知道」？：傑出商業家、藝術家與創新人士如何精通從不確定中找機會？／
史蒂芬‧得蘇澤（Steven D'Souza）、黛安娜‧瑞納（Diana Renner）合著；
簡美娟譯 ‧—— 初版 ‧——
臺北市：大寫出版：大雁文化發行／ 2016.03
320 面；20×16.5 公分 ‧——（Catch On 知道的書；HC0046）
譯自：Not knowing：the art of turning uncertainty into opportunity
ISBN 978-986-5695-44-6（平裝）
1. 組織管理 2. 創造性思考 3. 職場成功法

494.2   105001570

Not Knowing: The Art of Turning Uncertainty into Opportunity
為什麼思考強者總愛「不知道」？
傑出商業家、藝術家與創新人士如何精通從不確定中找機會？

大寫出版│書系 Catch On 知道的書│書號 HC0046│著者一史蒂芬‧得蘇澤（Steven D'Souza）、黛安娜‧瑞納
（Diana Renner）│譯者一簡美娟│業務一郭其彬、王綬晨、邱紹溢│行銷一夏瑩芳、張瓊瑜、李明瑾、蔡瑋玲│
封面、內頁美術設計 一張溥輝│特約編輯 ◎ RINO一大寫出版一鄭俊平、沈依靜│發行人一蘇拾平│出版者一大
寫出版 Briefing Press│地址一台北市復興北路 333 號 11 樓之 4、電話（02）27182001、傳真（02）27181258│
發行一大雁出版基地、地址一台北市復興北路 333 號 11 樓之 4、電話一24 小時傳真服務（02）27181258、讀者
服務信箱 E-mail一andbooks@andbooks.com.tw│劃撥帳號一19983379、戶名一大雁文化事業股份有限公司│初
版三刷一2018 年 4 月│定價一320 元│ISBN一 978-986-5695-44-6 版權所有‧翻印必究 Printed in Taiwan‧All
Rights Reserved │本書如遇缺頁、購買時即破損等瑕疵，請寄回本社更換│大雁出版基地官網一www.andbooks.
com.tw